中国地质大学(武汉)本科教学工程项目资助
中国地质大学(武汉)实验技术研究项目资助
中国地质大学(武汉)实验教学系列教材

# 磁法勘探实验指导书

CIFA KANTAN SHIYAN ZHIDAOSHU

李永涛　张世晖　编

图书在版编目(CIP)数据

磁法勘探实验指导书/李永涛,张世晖编.—武汉:中国地质大学出版社,2018.11
中国地质大学(武汉)实验教学系列教材

ISBN 978-7-5625-4232-2

Ⅰ.①磁…
Ⅱ.①李… ②张…
Ⅲ.①磁法勘探-实验-高等学校-教材
Ⅳ.①P631.2-33

中国版本图书馆 CIP 数据核字(2018)第 252892 号

| 磁法勘探实验指导书 | 李永涛 张世晖 编 |
|---|---|
| 责任编辑:王 敏 | 责任校对:张咏梅 |
| 出版发行:中国地质大学出版社(武汉市洪山区鲁磨路388号) | 邮政编码:430074 |
| 电 话:(027)67883511　　传 真:67883580 | E-mail:cbb @ cug.edu.cn |
| 经 销:全国新华书店 | http://cugp.cug.edu.cn |
| 开本:787毫米×1092毫米 1/16 | 字数:148千字　印张:5.75 |
| 版次:2018年11月第1版 | 印次:2018年11月第1次印刷 |
| 印刷:武汉市籍缘印刷厂 | 印数:1—1000册 |
| ISBN 978-7-5625-4232-2 | 定价:24.00元 |

如有印装质量问题请与印刷厂联系调换

# 中国地质大学(武汉)实验教学系列教材

## 编委会名单

主　任：刘勇胜

副主任：徐四平　殷坤龙

编委会成员：(按姓氏笔画排序)

文国军　朱红涛　祁士华　毕克成　刘良辉

阮一帆　肖建忠　陈　刚　张冬梅　吴　柯

杨　喆　金　星　周　俊　章军锋　龚　健

梁　志　董元兴　程永进　窦　斌　潘　雄

选题策划：

毕克成　蓝　翔　张晓红　赵颖弘　王凤林

# 前 言

随着社会的进步、实验设备的不断更新,传统的实验教学内容、教学方式已不能满足当前社会需要。按照实验教学示范中心建设的要求,着力建成"七先进一突出",即先进的实验教学理念、实验教学体系、实验教学方式方法、实验教学队伍建设模式、仪器设备配置和安全环境、实验教学中心建设和管理模式、实验教学信息化水平,突出的建设成果与示范作用。为实现该目标,在借助于2016年中央高校改善基本办学条件专项设备购置项目的基础上,重新编写了一本具有时代理念的实验教材。

《磁法勘探实验指导书》是勘查技术与工程(勘查地球物理方向)和地球物理学专业主要实验教材。在出版该实验教材之前,我校王传雷教授曾经编写出版了《重力、磁法实验实习教学指导书》(原地质矿产部勘查地球物理专业课程指导委员会统编教材,地质出版社,1994年),但目前的教学计划要求已经发生了较大变化。新实验教材共由17个实验组成,内容包括仪器认识与操作、磁性体的正反演计算以及岩(矿)石磁性测定等,既有野外勘探仪器,又有室内物性测定仪器,学生可按必修和选修对其中的实验项目进行学习。

本书内容丰富,综合性较强。不仅可作为在校学生磁法勘探课程的配套实验教材,同时也是从事磁法勘探、古地磁学及环境磁学研究技术人员的参考资料。

教材的出版得到中国地质大学(武汉)实验室与设备管理处和教务处的大力支持,在此表示诚挚的感谢。同时,也对教材中涉及的参考资料作者表示衷心的感谢。

由于编者水平所限,不足之处在所难免,敬请各位读者批评指正。

编 者
2017.11

# 目 录

实验一　质子磁力仪的认识与操作……………………………………………（1）

实验二　磁通门梯度磁力仪的认识与操作……………………………………（4）

实验三　便携式磁化率仪的认识及操作………………………………………（9）

实验四　卡帕桥磁力仪的认识及磁性测定……………………………………（14）

实验五　频率磁化率仪的认识与操作…………………………………………（20）

实验六　光泵磁力仪的认识与操作……………………………………………（23）

实验七　岩石旋转磁力仪的认识与操作………………………………………（32）

实验八　质子磁力仪的性能试验………………………………………………（38）

实验九　质子磁力仪测定岩（矿）石标本磁性………………………………（41）

实验十　磁性体模型磁场的场地观测…………………………………………（45）

实验十一　磁性球体磁异常的正演计算及延拓………………………………（48）

实验十二　无限延伸磁性薄板体磁场的正演计算及延拓……………………（50）

实验十三　有限延伸磁性厚板体磁场的正演计算及延拓……………………（52）

实验十四　磁异常的转换处理及反演解释……………………………………（54）

实验十五　岩石磁参数的统计整理……………………………………………（56）

实验十六　利用 IGRF-12 模型计算地磁要素…………………………………（60）

实验十七　磁日变观测与日变曲线分析………………………………………（62）

附件一　GSM-19T 质子磁力仪操作手册………………………………………（64）

附件二　GSM-19T 质子磁力仪数据回放及日变校正操作说明………………（75）

高斯制（CGSM）与国际单位制（SI）单位及互换……………………………（82）

主要参考文献……………………………………………………………………（83）

# 实验一　质子磁力仪的认识与操作

## 一、实验目的

(1)了解质子磁力仪的工作原理、仪器组成、面板结构,并学会仪器的基本操作方法。

(2)通过质子磁力仪的认识与操作实验,达到能对地下磁性地质体进行探测的目的。

## 二、实验准备

GSM-19T 质子磁力仪 1 台;50m 皮尺 1 个;空间环境无明显电磁干扰;地下局部有一定的磁异常存在。

## 三、实验内容及步骤

(一)质子磁力仪的工作原理

质子磁力仪的工作原理是利用氢质子在磁场中的自由旋进现象进行测量的。在传感器中,充满了含氢的液体,这些氢质子在被仪器强制极化之前,处于无规律的排列状态。当人为对其加上一个极化信号后,质子将做旋进运动。极化信号消失后,质子的旋进将主要受到外界磁场的影响而逐渐消失,通过对受旋进影响的传感器中频率的测量,来测知外界磁场的大小。不断对这个动作进行循环,即可持续测量(图 1-1)。

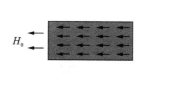
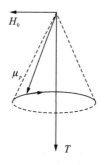

$\{T\}_{nT}=23.4874\{f\}_{Hz}$

图 1-1　质子磁力仪工作原理图

它的主要特点有:①集成了高精度 GPS(可选);②可在主机屏幕上实时显示观测磁场剖面图;③可自由选择点、线号的增减;④分辨率高达 0.01nT,灵敏度达 0.05nT,绝对精度 ±0.2nT,在所有质子磁力仪中水平最高;⑤大容量存储器(32M),可存储 3 303 000 个读数;⑥具有独一无二的可程序化的基点站观测功能,软件进行日变校正;⑦使用 GSM-19T 的

Walking Mag 采集模式,可保证操作员在野外随走随采集磁场数据,从而获得连续的观测剖面。其性能指标见表 1-1。

表 1-1 质子磁力仪主要性能指标

| 灵敏度 | <0.1nT | 采样率 | 3s~60s 可选 | 动态范围 | 10 000~120 000nT |
|---|---|---|---|---|---|
| 分辨率 | 0.01nT | 工作温度 | -40℃~55℃ | 梯度容差 | >7000nT/m |
| 绝对精度 | 1nT | 存储节 | 16M 字 | 对梯度测量可存 | 174 762 个读数 |
| 对基点站可存 | 699 050 个读数 | 对流动站可存 | 209 715 个读数 | 对步行磁测可存 | 299 593 个读数 |

(二)仪器的组成与连接

以加拿大产 GSM-19T 为例,仪器的标准配置有主机、探头、电缆、探头支杆、背带、RS232 数据传输线、充电器、运输箱、中文操作手册以及 GemLinkw 软件等,如图 1-2 所示。

图 1-2 GSM-19T 质子磁力仪

(三)仪器面板认识

本仪器面板共由 16 个字符数字键组成(图 1-3),每个按键多达三重功能,具体功能详见附件一,质子磁力仪基本操作步骤。

图 1-3 GSM-19T 质子磁力仪前面板

## （四）基本操作

基本操作详见附件一。

## （五）注意事项

(1)严禁随意拆卸仪器,而且应防震、防摔、防碰等,特别应注意探头的保护。
(2)操作人员(包括扶探头人员)应"净磁",严禁携带铁磁性物质,如手机、钥匙等。

## 四、实验报告内容

1. 实验目的和要求
2. 实验内容
(1)简述质子磁力仪的基本工作原理。
(2)仪器的基本组成。
(3)基本操作步骤。
(4)磁测数据的评价。

## 五、思考题

(1)开展地面高精度磁测,其外部环境条件如何？
(2)质子磁力仪与早期机械式磁力仪有哪些不同点？

# 实验二　磁通门梯度磁力仪的认识与操作

## 一、实验目的

了解梯度磁力仪的简单工作原理,掌握仪器的组成,并学会仪器的基本操作方法。

## 二、实验准备

Grad601-2 磁通门磁力仪 1 台;50m 皮尺 1 个;空间环境无明显电磁干扰;地下局部有一定的磁异常存在。

## 三、实验内容及步骤

(一)梯度磁力仪的工作原理

磁通门磁力仪是利用具有高导磁率的软磁铁芯在外磁场作用下的电磁感应现象测定外磁场的仪器。它的传感器的基本原理是基于磁芯材料的非线性磁化特性。其敏感元件是由高磁导系数、易饱和材料制成的磁芯,有两个绕组围绕该磁芯:一个是激励线圈;另一个则是信号线圈。在交变激励信号 $f$ 的磁化作用下磁芯的导磁特性发生周期性饱和与非饱和变化,从而使围绕在磁芯上的磁感应线圈感应输出与外磁场成正比的信号,该信号包含 $f$、$2f$ 及其他谐波成分,其中偶次谐波含有外磁场信息,可以通过特定的检测电路提取出来。

由于该磁测仪对资料解释方便,已较普遍地应用于航空、地面、测井等方面的磁法勘探工作中。在军事上,也可用于寻找地下武器(炮弹、地雷等)和反潜。还可用于预报天然地震及空间磁测等。

梯度磁力仪的特点:Grad601-1 单探头仪器通常用于管线、电缆、废弃垃圾桶和考古点等定位应用。Grad601-2 双探头仪器可以节省大约一半的时间完成地球物理勘查。两种型号都有一个大容量固化闪存,可以为提高勘探效率而快速下载数据。Grad601 提供了线性范围达 100nT,分辨率 0.1nT 和 1000nT,分辨率 1nT 的两种量程。还可提供一种高达 30 000nT 的压缩型量程响应。探头出色的温度稳定性保证了在测量时最小的漂移,而且减少了校正的需要。所有的校正通过一个单键按钮和声音提示完成。整个系统延时大约 27ms,使得数据偏移几乎可以忽略。可以通过按键板输入选择 50Hz 或 60Hz 的电源线抑制,从而实现大于 1000∶1 的抑制。

## (二)梯度磁力仪的组成与连接

Grad601-2 是一款垂直分量的磁通门磁力仪,由数据记录器、电池组和一只或两只安装在硬质携带杆上的 Grad-01-1000 圆柱状探头组成。每一个探头包含两个垂直相隔 1m 的磁通门磁力计(图 2-1、图 2-2)。

图 2-1 Grad601-2 双探头磁通门梯度磁力仪

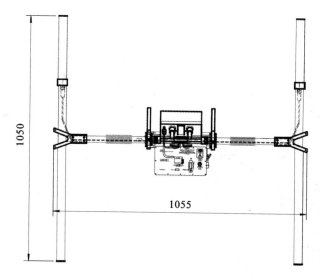

图 2-2 Grad601-2 连接图

## (三) 基本操作

**1. 面板认识**

该数据记录器前面板由一个简单的 6 个控制按键和液晶显示表头组成。可以根据菜单提示进行选择操作。还可以选配外接的按键按钮用于勘查操作(图 2-3)。

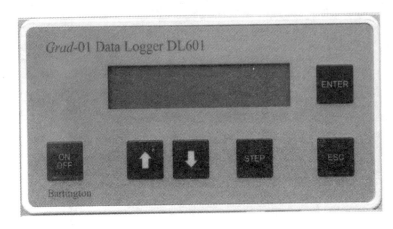

图 2-3　仪器前面板

ON/OFF:数据记录器电源开关;↑↓:上下菜单选择键;STEP:参数设置键;ESC:退出键;ENTER:确认键;显示器:2 排液晶显示,可显示 20 个字符。

ON/OFF 开关,键盘和外接式开关 2 排液晶显示,可显示 20 个字符。

后面板由 Grad-01 探头连接插座、RS232 输出接口、电池充电连接口等组成(图 2-4)。

图 2-4　仪器后面板

**2. 基本操作**

梯度计通过快速释放夹绑定在携带杆的末端。数据记录器和电池组通常绑定在携带杆的左边。所有电缆通过携带杆走线。携带杆上有一个绿色和一个红色的按钮,作为键板上的"ENTER"键和"ESC"键的替代,用于同时化数据采集和在勘查时中止,以及设置需要。该辅助按钮子单元很容易被替换,通常位于操作者手边,从而减少了最经常使用按键的过度磨损。

勘查模式下测量,数据以平行或"Z"形路径记录,数据记录可以是连续的,或者以单点方式记录;以扫描模式测量,此种情况不记录数据,但带声音报警功能。扫描模式用于定位考古特征、管线、电缆和废物填埋以及未暴露的军用品等,在扫描模式时,警报阈值可调整(图2-5、图2-6)。

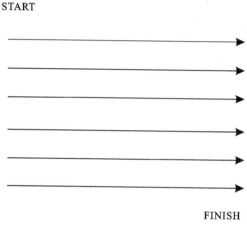

图 2-5 勘查模式下的平行路径

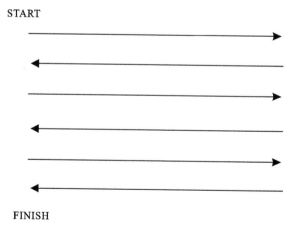

图 2-6 勘查模式下的"Z"形路径

勘查数据可以以 $10m^2$、$20m^2$ 或者 $30m^2$ 网格方式保存。256KB 的固化闪存是充足的,例如能够记录 30 个 $30m \times 30m$,每条线间隔 1m,每米读数 4 次的网格。

软件用于从数据记录器通过 RS232 下载数据到 PC(电脑),并且可以以 3 种格式中的任何一种保存数据,用于后续数据处理。下载满内存数据的时间小于 7min。

## 四、实验报告内容

1. 实验目的
2. 实验内容
(1)简述梯度磁力仪的基本工作原理。
(2)简述仪器的基本组成。
(3)简述基本操作步骤。
(4)简述对磁测数据的评价。

## 五、思考题

(1)梯度磁力仪与总场磁力仪的区别以及各自的优势是什么?
(2)梯度磁力仪测量数据需要作日变校正吗?

# 实验三　便携式磁化率仪的认识及操作

## 一、实验目的

(1)认识便携式磁化率仪的一般功能,并学会该仪器的基本操作方法。
(2)学会在不同岩性的岩石露头上进行测量。

## 二、实验准备

SM-30 型磁化率仪 1 台;物性记录本 1 本及其他材料。

## 三、仪器认识及操作

### (一)工作原理

仪器包含一个振荡器和一个检波线圈,振荡器的频率取决于仪器到岩石的距离,频率的变化与岩石磁化率的量值成比例。为找到这个变化,有必要进行两次振荡频率的测量。第一次测量在岩石附近完成,称为"检波步骤(阶段)"。第二次测量远离岩石(自由空间测量),该步骤称为"补偿阶段"。第二次测完后,两次的结果自动相减并显示出来,这两步由操作员首先完成。以上两步被称为基本状态或状态 1。

SM-30 提供了两种校正热漂移的状态,一种被称为外推状态或状态 2。第二种状态被称为内插状态或状态 3。

当测量地点相互靠得很近时,最好采用扫描状态,该状态也可以校正热漂移,而且测量很快,但热漂移的校正没有内插和外推状态精确。

本磁化率仪可测岩石的磁化率,也可测反铁磁性物质的磁化率,开机几秒后就可达到峰值灵敏度,通过采用较复杂的信号处理方法,该仪器可有效地减少外部电磁及电子线路的干扰。

### (二)性能指标及特点

**1. 性能指标**(表 3-1)

表 3-1　技术规格表

| 灵敏度 | $1 \times 10^{-7}$ SI 单位 |
|---|---|
| 操作频率 | 8kHz |
| 测量时间 | <5s |

续表 3-1

| 显示 | 4 个 LCD 数位,10mm 高 |
|---|---|
| 控制 | 3 个按钮 |
| 探测线圈 | 直径 56mm |
| PC 接口 | RS232C |
| 操作温度 | 0~50℃ |
| 电池 | 锂电池 CR2430 |
| 电池寿命 | 约 80h |

**2. 仪器特点**

(1)小巧,可放入衬衫口袋,重量轻,更新颖,更精确。

(2)使用了传统的传感器和新的信号处理方法保证仪器处于领先地位。

(3)6 个测量模式在工作状态下可切换:2 个基本模式、2 个补偿模式、1 个扫描模式、1 个平均模式。

(4)自动调整测量,简单的三键控制,单手可操作,分别用于测量、储存和存档。其他操作可使用电脑来完成,如给出测点说明,储存测量数据以便进一步处理。

(5)锂电池以及自动关机功能配合,可在不换电池的情况下长期工作。

**(三)面板认识**

仪器面板由按键、液晶显示屏组成,其中按键共有 3 个,分别是"测量/关机"键、"存储/开机"键以及"功能选择"键(图 3-1)。

图 3-1 SM-30 磁化率仪

## （四）基本操作

本仪器共有 6 种测量状态，分别用数字表示如下：

| | |
|---|---|
| 基本状态 A | 1 |
| 外推状态 | 2 |
| 内插状态 | 3 |
| 扫描状态 | 4 |
| 平均状态 | 5 |
| 基本状态 B | 6 |

其中：
(1) B 状态适用于测量高磁化率的物质。
(2) 外推状态适用于测量低磁化率的物质。
(3) 在进行校正（热漂移）时所花费的时间比基本状态要长一些。

**1. 开关仪器**

按中间键约 2s 开机，仪器会显示上次最后一个点的磁化率值，再按一下也不会将此记入内存。

**2. 设置和显示状态**

按住右键不放，再按左键（反复重复）就可以选择任一个状态。按下右键后，再同时按下左键和中键后，显示"CL"，清除内存。

**3. 岩石磁化率的测量**

将仪器靠近岩石，按左键便可测量岩石的磁化率，每次测量都有鸣叫，大约 3～4s 后测量完毕。

1) 基本状态 A 和 B

基本状态 A、B 两者之间的判别只是在检波测量（Pick Up）和补偿测量（Compensation Step）之间的时间长短。B 状态的测量速度比 A 快 4 倍。

基本状态 A 和 B 的测量方法：先靠近标本测量按左键，待几秒钟显示了测点后，迅速离开标本再按左键进行 Compensation Step 测量，数秒后显示测量 $\kappa$ 值，按中间键记录后，再按中间键选择点号。注意显示后的结果分辨率为 $10^{-6}$ SI，再乘以 $10^{-3}$ SI 才是标本的真实磁化率值。

2) 外推状态（进行热漂移校正）（3 次测量）

漂移值 $= f_3 - f_2$，因此磁化率值 + 漂移 $= f_2 - f_1$，所以磁化率值 $= f_2 - f_1 - (f_3 - f_2) = 2f_2 - f_1 - f_3$（根据此公式，校正自动完成，当第一次补偿状态测量完成后，显示的是没有校正的 $f_2 - f_1$ 值。第二次补偿状态完成后，显示的值为校正后的值，即 $2f_2 - f_1 - f_3$。

具体操作方法如下：

(1) 先靠近标本按下左键，几秒鸣叫后，显示出要记录的点号。
(2) 此时赶快将仪器离开标本岩石，再按下左键，测量出数据（即没校正的 $f_2 - f_1$）。
(3) 此时仪器会自动进行一次补偿测量，马上显示出校正后的值，即 $2f_2 - f_1 - f_3$。

(4)按中间键存储该数据(中间键只按一次)。

(5)该值要乘以 $10^{-3}$ SI。

3)内插状态(共 3 次测量)(进行热校正)

该状态要求操作员在第二步时将仪器靠近标本,第一次和第三次都为补偿测量,其中第 3 步为自动完成。

磁化率值 $=(f_1+f_3)/2-f_2=-1/2(2f_2-f_1-f_3)$。

测量值在第 2 次补位步骤后被校正了,所显示的值为 $-1/2(2f_2-f_1-f_3)$。

具体操作步骤如下:

(1)操作员将仪器移开标本后按下左键(进行补偿测量),显示出点号。

(2)赶快将仪器放在标本处,再赶快按下左键,显示出 $\kappa$ 值(为检波测量)。

(3)此时迅速将仪器离开标本,位于空中某点[与步骤(1)的位置一致]不动,仪器会自动进行第二次补偿测量,之后马上显示出经校正后的 $\kappa$ 值。

(4)该值要乘以 $10^{-3}$,内插状态的显示分辨率为 $10^{-7}$ SI。

4)扫描状态

该状态是分块测量,即第一次和最后一次都是补偿测量(自由空气),第一次测量(补偿)要按下左键。以后就要进行检波测量(在标本附近),它也是通过按下左键来实现(反复按)。检波测量由第二次按下中间键而结束。每次进行检波测量都要显示 $\kappa$ 值,计算的方法与基本状态相同。所测磁化率的值连同时间值一同记录在内存中,在按下中间键后(即第二次按下此键)。漂移校正就用内插法完成了。该值同样被记录在内存中。

在每块中有 20 个检波测量值。在第 20 个检波测量完成后,仪器会提示测量块必须由第二次补偿步骤结束,以再建新块。

具体操作步骤如下:

(1)将仪器远离标本,按下左键,数秒后显示:0000,进行第一次补偿测量。

(2)将仪器移至标本,快速按左键开始进行检波测量,显示:-!,然后马上显示 $\kappa$ 值。

(3)反复多次按左键,依次出现 $\begin{cases} 1 \\ 2 \\ 3 \\ \vdots \\ 20 \end{cases}$,后又出现提示符 OL,溢出。

(4)此时按中间键,即显示出校正后的值,20 个校正后的值。

(5)再按左键又显示:0000,重复步骤(2)、(3)、(4)。

5)平均状态(热漂移校正)

原理和方法都同扫描状态一样,所不同的是最后的结果是平均值。也是块测量,每块 20 个数据的平均值,块记在内存之中。

## 四、实验报告内容

1. 实验目的和要求
2. 实验内容

(1)简述磁化率仪的基本工作原理。
(2)简述仪器的基本组成。
(3)简述基本操作步骤。
(4)简述对磁测数据的评价。

## 五、思考题

(1)磁化率仪与质子磁力仪的区别在哪里？测量标本磁性的效果是否一样？
(2)SM-30型便携式磁化率仪测量时要注意哪些问题？

# 实验四　卡帕桥磁力仪的认识及磁性测定

## 一、实验目的

了解卡帕桥磁力仪的基本组成、仪器的一般工作原理,学会岩(矿)石样品的磁性测定方法。

## 二、实验准备

KLY-3S 卡帕桥磁力仪 1 台;高 2.2cm×直径 2.5cm 圆柱形或 2cm×2cm×2cm 立方体样品 1 个。

## 三、实验内容及步骤

(一)仪器测量原理

仪器由一套高精度的全自动感应桥组成。它配备有自动归零系统,非平衡桥的热漂移自动补偿功能以及适用量程自动调整功能。其测量线圈被设计为 6 次幂补偿电磁线圈,磁场均匀性之高非同一般(图 4-1)。

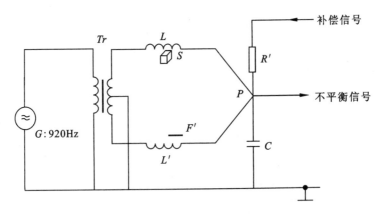

图 4-1　卡帕桥磁力仪测量原理简图

旋转/静止组合型两种型号均可测量慢速旋转样品的 AMS。测量仅须调整样品的 3 个垂直方向,快速而精确(每个样品约需 2min)。它得益于对每一个垂直于样品旋转轴的测量面做多重磁化率测定。卡帕桥磁力仪在样品插入测量线圈之后并在各向异性开始测量之前被归零,从而得到最灵敏的测量范围。

卡帕桥磁力仪测量装置固定在旋转头上标本顺序按三轴旋转测量,从这些数据中最后计算出偏差磁化率张量,该张量就反映了标本各向异性分量的信息。为了获得完整的磁化率张量,必须进行体积磁化率补偿测量。

### (二)仪器性能及特点

高灵敏度 $2×10^{-8}$(SI);自动调零和自动调节量程;可测量同步和非同步磁化率;可变测量领域;3种运行频率(MFK1-A/ MFK1-B为单运行频率);快速 AMS 测量(MFK1-FA、MFK1-A);内置线路用于控制 CS-3 炉与 CS-L 低温恒温器;完全电脑控制;强大的软件支持。

### (三)仪器组成及结构

本卡帕桥磁力仪由三大部分组成,即测量线圈、控制单元和 PC 机。它配备有自动调零系统和自动补偿热漂移功能,以及自动切换测程功能。测量线圈被设计成六级补偿型螺线管,并且有显著的高场稳定性及均匀性(图 4-2)。

图 4-2 KLY-3S 卡帕桥磁力仪

### (四)岩石磁性测定步骤

**1. 检测环境**

(1)仪器安置房间应清洁无尘,无易燃易爆和腐蚀性气体,室内通风良好。
(2)仪器工作台应平稳,周围无强烈机械振动和电磁干扰,仪器有良好接地。
(3)环境温度为 15～30℃,8h 内室温波动不超过±3℃,相对湿度低于 80%。
(4)工作电压要求:220V±10%。

**2. 样品条件**

(1)待测样品为岩石、土壤、无毒液体等。
(2)样品的规格必须是 2.0cm×2.0cm×2.0cm 的立方体或 $\phi$2.5cm×2.2cm 的圆柱体。

(3)要求定量检测的试样,必须附有法定的检测方法或规程。否则按照科研试样处理。
(4)对于装入样品盒的试样必须充满样品盒,不能有松动现象(图4-3)。

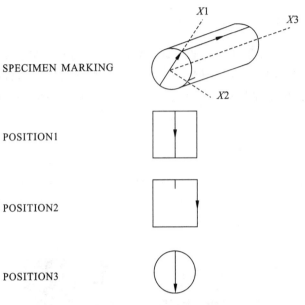

图4-3 定向样品及产状标志线示意图

**3. 检测项目**

(1)检测项目包括磁化率和磁化率各向异性两部分。
(2)有关定量检测的标准物质,一般由用户提供,本测定结果只对样品负责,若用户要求对产品负责,用户必须提供现场取样的便利条件。

**4. 样品检测前检查**

(1)检查仪器室的环境温度、湿度及电源,并记录于原始记录表中。
(2)检查控制单元与测量单元以及PC机通信间的连接。
(3)打开控制单元后面的电源开关,运行SUSAR(自动测量)程序,系统开始自动检测连接情况。
(4)检查样品旋转架。

**5. 磁化率各向异性测定(以样品的体积磁化率测定为例)**

(1)进入PC目录,在DOS状态,找到执行文件"SUSAR.EXE",按"回车"键。屏幕显示:<Ctrl Q> EXIT,这是一个提示命令,任何时间都可用此命令中断该程序的运行。此时计算机与KLY-3S的连接被自动检测,如果连接没有问题便会出现:
Initialization in progress
××LEVEL SET
Zeroing in progress

××END OF ZEROING
××READY××

如果因测量线圈周围的磁场干扰太强等多种原因的影响初始化不成功,则会在屏幕上显示信息:

FATAL ERROR
ETZEROING ERROR(不断闪动)
Press any to abort program

(2)如果初始化或归零操作没有问题,则在计算机屏幕下端显示主菜单:

| 1A×1 | 2A×2 | 3A×3 | 4Bulk3 | 5Eval | 6Actvol | 7Help | 8Stop | 9Kill | 10AUX |

主菜单的出现标志着可以利用 SUSAR 测量标本的 AMS。

[注意]此时一定要检查一下测量线圈的洞中是否还留有上次 SUSAM 测量后的塑料柱体,如有,赶快利用吸盘取出,否则会造成旋转臂的永久损坏。

主菜单的出现就意味着可以进行 AMS 测量了,但标本的放置问题一定要按规定来完成(图 4-3)。

A×1　对应　position 1
A×2　对应　position 2
A×3　对应　position 3

(3)所以在按顺序首先运行 A×1(即按下 K1)之前,要将标本按 position 1 的位置用塑料螺丝刀固定在旋转头上,大家不用担心,此时的旋转头已在初始化时就被提升到一定的高度,其目的就是为了方便快捷地固定标本。

(4)标本按 position 1 固定好后(切记不要太紧,以免损坏旋转头)按一下计算机键盘上的"F1"键,升降臂自动将标本送入线圈洞中开始旋转测量,大约经过 20s 的旋转测量后,测量完毕,升降臂又自动提升到原来的高度。屏幕上显示:

| Ax | Range | Cosine | Sine | Error | Error % |
|---|---|---|---|---|---|
| 1 | 1 | $-5.272E-06$ | $53.00E-06$ | $50.E-09$ | 0.09 |

这标志着 position 1 的位置测量完毕。

(5)用塑料螺丝刀松开旋转头上的塑料螺丝,将标本放置成 position 2 的位置后,按一下"F2"键,升降臂又自动将标本送入测量线圈洞开始测量,测量完毕自动提升到原位。计算机屏幕显示:

| Ax | Range | Cosine | Sine | Error | Error % |
|---|---|---|---|---|---|
| 1 | 1 | $-5.272E-06$ | $53.00E-06$ | $50.E-09$ | 0.09 |
| 2 | 1 | $-2.499E-06$ | $36.63E-06$ | $40.E-09$ | 0.11 |

(6)用塑料螺丝刀将标本固定到 position 3 的位置后,按"F3"键开始按(5)测量,测量完毕,升降臂回到原位。屏幕显示:

| Ax | Range | Cosine | Sine | Error | Error % |
|---|---|---|---|---|---|
| 1 | 1 | $-5.272E-06$ | $53.00E-06$ | $50.E-09$ | 0.09 |
| 2 | 1 | $-2.499E-06$ | $36.63E-06$ | $40.E-09$ | 0.11 |
| 3 | 1 | $5.567E-06$ | $12.96E-06$ | $98.E-09$ | 0.09 |

[注意]在测量 3 个不同位置时,如果认为其中任何一个位置的测量效果不理想,都可以重

测。只需按相应的"F1"、"F2"或"F3",新的测量结果马上就可替换旧的测量结果。

(7)按计算机上的"F4",开始测量标本的体积磁化率(Bulk Susceptibilty),同时升降臂也要上下移动,测量结果显示为:

Ranger     Bulk

2     566.6E-06

[注意]测量体积磁化率时,仍用 position 3 位置。

(8)当 F1、F2、F3、F4 各项操作完成后,按"F5"键开始进行数据统计整理,此时显示:

path？请回车,又显示:

Name of file 请输入文件名(即存放该块标本数据),不用扩展名,最多8个字符,例如 Qu1 回车,又显示:

Both associated files are empty

Specimen name /# enter new file? 例如 mod 1     回车,又显示:

Selet：

Using geological file           [1]

Manual input from memo-book     [2]

Non-oriented specimen         [3]

键入"3",显示测量结果。

若退出上述数据显示请按"Esc"键,并显示:

output to file [Y/N]    default=Yes    Y 回车    又显示:

output to printer [Y/N]    default=No    Y 回车

经数秒后屏幕显示:

Device timeout in line O of module SUSAR at address

Hit any key to return to system 回车

此时 qu1.asc 的标本数据文件已记录在当前目录中。至此,一块标本的全部数据测量完毕。注意,其中 F1~F5 各项操作都可以重复,在进行每项操作时,有一个"*"号就停留在相应的功能上,以表明目前所进行的在线操作。

### 6. 样品测试过程中异常现象处理

(1)分析重复性误差大于规定值时,应检查仪器测定条件。待条件复原后,重新配制样品,再次进行测定。

(2)在检测过程中发生停电时,应按仪器操作规程依次关机,且原检测结果无效。

### 7. 检测样品后检查

(1)实验室的环境条件波动范围应符合规定,否则检测结果无效。

(2)仪器运行条件应符合测定方法的要求,否则检测结果无效。

## 四、实验报告内容

1. 实验目的和要求

2. 实验内容

(1)简述卡帕桥磁力仪的基本工作原理。
(2)简述仪器的基本组成。
(3)简述基本操作步骤。
(4)完成一批不同岩性样品的测定,并作简单的分析。

## 五、思考题

(1)卡帕桥磁力仪样品测定和质子磁力仪样品磁性测定一样吗,哪个测定精度高一些?
(2)测定样品的 AMS 和样品的体积磁化率都需要是定向样品吗?

# 实验五　频率磁化率仪的认识与操作

## 一、实验目的

(1) 了解频率磁化率仪的工作原理、仪器组成、面板结构,并学会仪器的基本操作方法。
(2) 通过频率磁化率仪的认识与操作实验,达到能熟练对样品进行频率磁化率测定的目的。

## 二、实验准备

MS2 频率磁化率仪 1 台;高 2.2cm×直径 2.5cm 圆柱形或 2cm×2cm×2cm 立方体样品若干个。

## 三、实验内容及步骤

### (一) 仪器工作原理

磁化率仪工作时,探头周围会生成一个低频、低强度的交变磁场,当样品材料被置于探头附近时,该磁场会发生变化,磁化率仪将检测到的这一变化转化为磁化率读数值,以正值或负值(抗磁性)的形式显示出来,最高分辨率达 $2\times10^{-6}$ SI。该测量是非破坏性的,可以保留样品的磁学特性,并且测量结果不受样品导电性的影响。探头具有温度补偿功能,可减小测量时产生的漂移。

### (二) 仪器技术规格

以 MS2 频率磁化率仪为例。

| 校准精度 | | 1‰(提供 10ml 校准样品) |
|---|---|---|
| 测量时间:1 量程下 | | 1.5s SI (1.2s CGS) |
| 0.1 量程下 | | 15s SI (12s CGS) |
| 操作频率: | 低频(LF) | 0.465kHz ±1% |
| | 高频(HF) | 4.65kHz ±1% |
| 作用场强 | | 峰值 250μT ±10% (LF & HF) |
| 最大分辨率 | | $2\times10^{-6}$ SI (vol) ($2\times10^{-7}$ CGS) (LF & HF) |
| HF/LF 交叉校准 | | 最差 0.1% |
| 温度导致漂移 | | $\pm0.05\times10^{-5}$ SI/℃/min(LF & HF) |
| 样品对探头差别 | | ($\pm0.05\times10^{-6}$ CGS/℃/min) |
| 尺寸 (H×W×D) | | 145mm×110mm×210mm |
| 重量 | | 0.7kg |

## (三)仪器组成及连接

磁化率仪由磁化率读数表和一系列磁化率测量探头组成(图5-1),可以测量的材质包括土壤、岩石、粉末、液体等,可在实验室或野外使用。MS2 磁化率读数表选配有一个野外携带包、一个实验室用的仪器支座、一个通用主适配器、一个车载充电器和一个串口/USB 转接线。

图5-1 MS2 磁化率仪的组成

## (四)MS2 面板认识

MS2 是一款便携式读数表,具有完整的4位数字显示,可与所有 MS2 探头配合使用(图5-2)。仪器内置电池供电,可以从主电源或汽车电源插座上充电,还带有电池状态显示和充电指示。按键或其拨动开关可用于归零或测量。有一个串口可用于计算机控制和数据采集。量程转换开关允许用户选择高档/低档分辨率。所有的插座或开关都采用合乎环境要求的封装,便于户外使用。

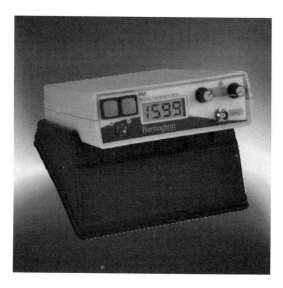

图5-2 MS2 磁化率仪前面板

## 四、实验报告内容

1. 实验目的和要求
2. 实验内容

(1) 简述频率磁化率仪的基本工作原理。
(2) 仪器的基本组成。
(3) 基本操作步骤。
(4) 完成一批不同岩性样品的测定,并作简单的分析。

## 五、思考题

(1) 频率磁化率仪与卡帕桥磁力仪的区别是什么?
(2) 测定样品的频率磁化率是哪几种频率?

# 实验六　光泵磁力仪的认识与操作

## 一、实验目的

(1)了解光泵磁力仪的工作原理、仪器组成、面板结构,并学会仪器的基本操作方法。
(2)通过光泵磁力仪的认识与操作实验,达到能对地下磁性地质体进行探测的目的。

## 二、实验准备

G-858SX 铯光泵磁力仪 1 台;50m 皮尺 1 个;空间环境无明显电磁干扰;地下局部有一定的磁异常存在。

## 三、实验内容及步骤

(一)仪器

自振荡离散波束铯蒸气型光泵磁力仪(无放射性 CS-133)。

(二)性能指标

工作范围:17 000～100 000nT($\gamma$);灵敏度:(90%读数处于 P—P 范围内);测量速度为 0.1s 时,0.15nT;测量速度为 0.2s 时,0.11nT;测量速度为 0.5s 时,0.07nT;测量速度为 1.0s 时,0.05nT;方位误差:<±1nT($\gamma$);温漂:0.05nT($\gamma$)/℃;梯度容差:>500nT($\gamma$)/in.(1in.=2.54cm),>20 000nT($\gamma$)/m;采样间隔:0.1s～1h(每步 0.1s)或外触发;数据存储:固存 RAM;容量:磁力仪、时间标志、位置记录可工作 8h;外加梯度仪、GPS,当最高采样率时可工作 3h。

(三)仪器组成

探头:直径 6cm,长 15cm,重 340g;控制盒:宽 15cm,高 8cm,长 28cm,重 1.6kg,装在腰带上,磁场效应小于 1nT/3ft;杆/皮带:磁力仪或梯度仪;长杆:0.9～1.1kg 尼龙带加电缆 1～1.3kg;电池:高 8cm,宽 13cm,长 20cm,附在尼龙腰带上(图 6-1)。

(四)基本操作

(1)仪器连接。连接主机、电池包、探头 sensor1 和探头 sensor2(注意:探头间隔为 1m),以及具有串口的 GPS。

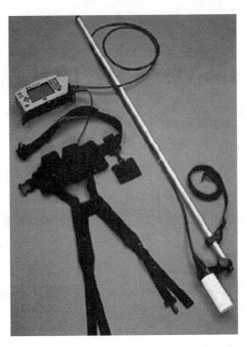

图 6-1　G-858SX 光泵磁力仪结构简图

(2)主机开机。按"POWER"电源按钮开机,进入主菜单——Main Menu v1.41。利用上下键选择 Select Sensor Type：MAGNETOMETER 菜单选项并利用"回车"键确认。仪器默认 MAGNETOMETER 磁力仪,直接按"回车"键确认进入磁力仪操作界面。

(3)磁力仪系统参数设置和探头测试菜单 SYSTEM SETUP。

①SYSTEM SETUP MENU→AUDIO 设置声音。

②SYSTEM SETUP MENU→DATE & TIME 设置日期和时间。

＊＊＊＊多台磁力仪相互之间的时间一定要设置准确。

Date

Month：　　　[　2　]

Day：　　　　[　25　]

Year：　　　　[　15　]

Time

Hour：　　　[　13　]

Minute：　　　[　21　]

Second：　　　[　43　]

SET TO ABOVE VALUES"设置以上参数"按菜单才完成设置仪器时间。

③SYSTEM SETUP MENU→COM PORT SETUP,选择默认值。

④SYSTEM SETUP MENU→COM & FIELD NOTE STRING SETUP。

⑤SYSTEM SETUP MENU→MAGNETOMETER TEST。

备注：探头预热(图 6-2)从调谐 Regulating 到 Signal 探头准备就绪(探头远离铁磁性物质)。

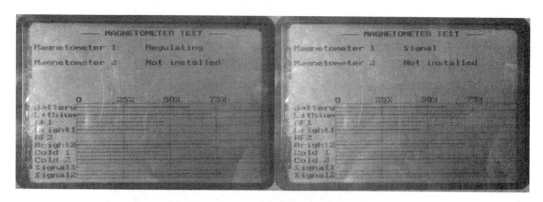

图 6-2 探头预热过程

⑥SYSTEM SETUP MENU→Real time transfer：＜DISABLE＞．实时传输：＜关闭＞，根据客户需要，可以选择 ENABLE 实时传输数据至个人计算机，或者 DISABLE 在本机保存数据。

⑦SYSTEM SETUP MENU→Use COM1 port as：＜ASCII CHARACTER LOGGER＞CONFIGURE。

⑧SYSTEM SETUP MENU→Store serial data：＜WHEN ACQUIRE＞采集数据期间保存串口数据。适用于连接 GPS 并保存标记点/测线起止点位置信息。

⑨SYSTEM SETUP MENU→QC warning level：[60.000] nT。

⑩SYSTEM SETUP MENU→Graphic display of：＜FIELD1＞，＜FIELD2＞，＜GRADIENT＞显示探头1，探头2，梯度。

▶搜索模式 SEARCH MODE。提示：DATA NOT STORED! 不能保存数据，仅仅检查磁场值（图 6-3）。

图 6-3 测量显示界面

▶简单测量模式 SIMPLE SURVEY。测线测网测量。建议磁测测线为从南到北单向测量（图 6-4）。

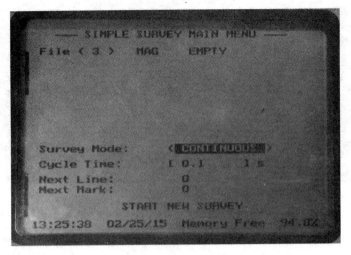

图 6-4 移动测量模式

文件 File<3>选择测量文件名来保存数据。

Survey Mode：<CONTINUOUSE>连续测量方式。

●Cycle Time：[0.1]s 采样率

Next Line：下一个测线编号

Next Mark：下一个测点/标记编号

START NEW SURVEY 开始全新的测量。

最下面一行为仪器当前时间,格式为:时分秒,月日年。基站仪和测网各磁力仪需要相互检查对比时间。

在全屏界面按"MARK"键开始一条测线,中间按"MARK"做标记,按"END LINE"结束测线(注意：END LINE 按下以后测量了最后一个点,并且换下一条测线)(图 6-5)。

备注:RS232 in：111 表示接收有 GPS 信号。

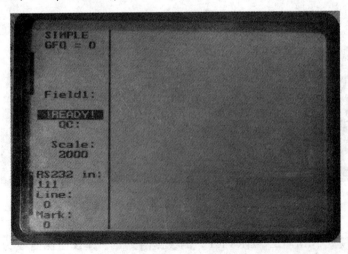

图 6-5 移动测量过程界面

按"CONTINUE SURVEY"表示继续测量(图 6-6)。

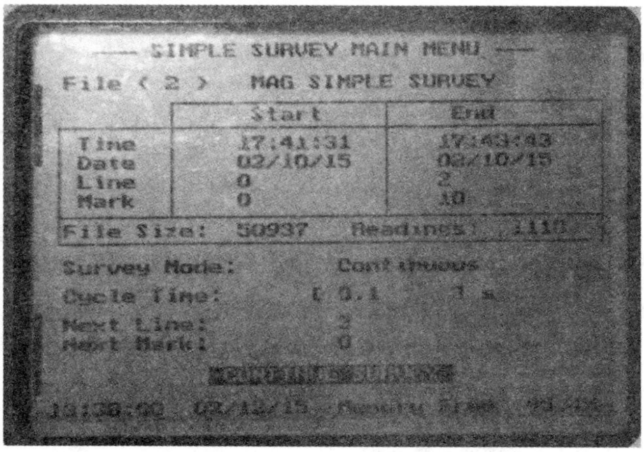

图 6-6 移动连续测量换线界面

▶填图测量模式 MAPPED SURVEY。复杂网格测量。
▶基站测量模式 BASE STATION。磁场日变观测(图 6-7)。

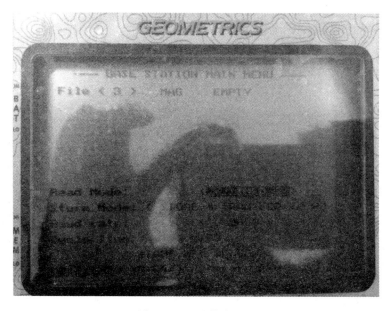

图 6-7 基站模式界面

基站测量模式对话框如下。
其中:文件 3 将要作为基站文件进行测量(图 6-8)。
Read Mode:＜TIMED＞表示时间触发方式。
Store Mode:＜STORE & TRANSFER TO PC＞表示保存至本机并传输到电脑。

Baud Rate：＜9600＞传输速度。

Cycle Time：[0.1] S 表示采样间隔为 0.1s，即 10Hz 采样。

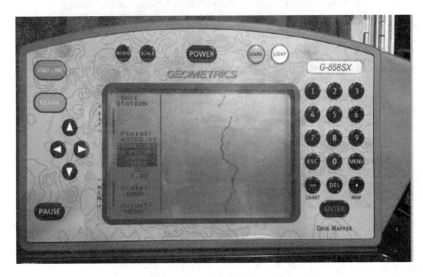

图 6-8 基站模式数据采集

基站测量模式：

▶数据回放模式 DATA REVIEW。

▶数据传输 DATA TRANSFER。传输数据需要在 G-858 磁力仪主机和安装 Magmap2000 软件的个人计算机上分别操作才能完成数据文件传输（图 6-9）。

计算机控制传输文件

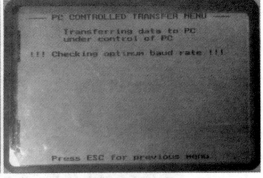
检查优选波特率

图 6-9 数据传输界面

■磁力仪端：打开 G-858 磁力仪选择主菜单 MAGNETOMETER→DATA TRANSFER→PC CONTROLLED TRANSFER，磁力仪检查默认设置波特率 9 600 并进行实时优化以提高传输速度，等待个人电脑操作即可完成数据文件传输。

■仪器连接：利用 RS232 串口线（图 6-10）连接至个人电脑原生串口端或者笔记本电脑上的 USB 转 RS232 的扩展串口端，建议利用计算机控制面板→设备管理器→串口，来检查串口编号。

图 6-10　G-858 磁力仪串口数据线

■个人电脑端：安装并打开软件 Magmap2000，选择对应的参数可以传输磁测文件。选择文件 File 和子菜单 import G-858/G-859 Data 打开文件传输对话框，设置个人电脑串口和波特率，选择磁测数据集 1—5 以及文件传输路径和文件名。一定要选择二进制传输选项："Download only decompress later"，仅仅传输二进制磁测数据文件稍后解编为文本文件，以加快传输速度。利用 Magmap2000 坐标进行整理、滤波、日变校正。

● 选择菜单 File→import G-858/G-859 Data，显示如下：

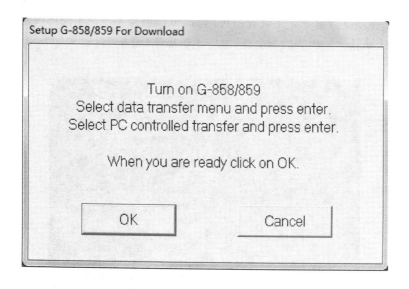

●Magmap2000→File→import G-858/G-859 Data 对话框显示如下：

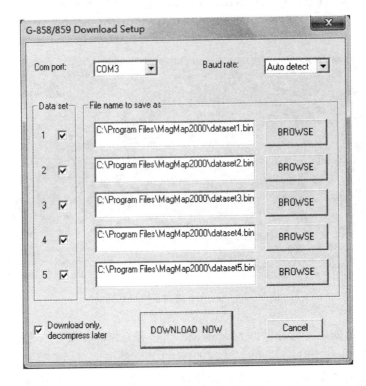

Com port(串口)，Baud rate(波特率)，文件路径和文件名，二进制传输选项 Download only, decompress later。

▶删除数据集合 DATA TRANSFER MENU→ERASE DATA SET。

数据文件传输至个人电脑，并利用软件打开二进制数据文件 *.bin 转换为文本文件 *.stn，对其检查确认文件以及传输完成并且数据可用后，可以删除 G-858 仪器内的文件。依据屏幕提示，需要两次确认才能删除数据文件，以防止误操作(图 6-11)。

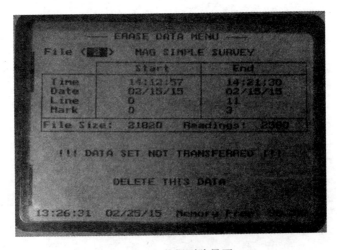

图 6-11　数据删除界面

## 四、实验报告内容

1. 实验目的和要求
2. 实验内容
(1)简述光泵磁力仪的基本工作原理。
(2)简述仪器的基本组成。
(3)简述仪器基本操作步骤。

## 五、思考题

(1)光泵磁力仪的基本工作原理及其与质子磁力仪的不同点是什么?
(2)光泵磁力仪和其他磁力仪相比有哪些优势?

# 实验七 岩石旋转磁力仪的认识与操作

## 一、实验目的

(1)了解旋转磁力仪的工作原理、仪器组成,并学会仪器的基本操作方法。
(2)通过旋转磁力仪的认识与操作实验,达到能熟练对样品进行剩余磁性测定的目的。

## 二、实验准备

JR6A 旋转磁力仪 1 台;高 2.2cm×直径 2.5cm 圆柱形或 2cm×2cm×2cm 立方体样品若干个。

## 三、实验内容及步骤

### (一)仪器工作原理

岩石样品以固定的角速度在测量单元内的一副赫姆霍兹线圈内旋转。在线圈内,激发形成一交流电压,它的幅度和相位取决于剩余磁化强度向量的大小和方向。

用 JR6A 旋转磁力仪手动改变样品测量位置,用于简单的剩余磁化强度测量。根据精度要求,可以在双方位、四方位和六方位测量样品。

### (二)性能指标

技术规格灵敏度:$2×10^{-6}$ A/m;旋转速度:高速 87.7rps,低速 16.7rps;测量范围:高达 12 500A/m;电源:100V,120V,230V,50/60Hz;样品尺寸要求:圆柱样:25.4 mm/22mm,立方样:边缘小于 23mm。

### (三)仪器组成及连接

JR6A 旋转磁力仪(图 7-1)测量单元、供电单元、计算机、样品架一套(4 件)、柱状和立方状标样、软岩样品盒(3 件)、备用部件和连接电缆各一套、REMA6 软件、用户手册等。

### (四)基本操作步骤

第一步,将仪器和电脑开机并完成连接,打开操作软件,点击"INITIALIZE"按钮,仪器将进行自检工作,检查连接是否成功和仪器是否能正常工作。下图是仪器自检工作未通过的情况(图 7-2)。

如果自检通过完成显示的界面如图 7-3 所示,再点击"OK"。

# 实验七 岩石旋转磁力仪的认识与操作

图 7-1 JR6A 旋转磁力仪组成

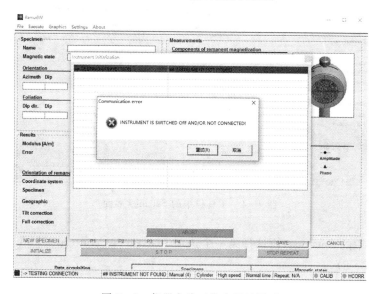

图 7-2 仪器自检工作未通过界面

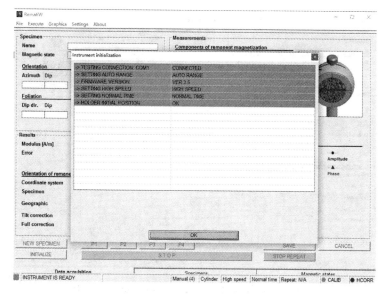

图 7-3 自检通过完成后显示的界面

在自检工作通过后,需要选择测量的样品的参数、样品形状并选用相对应的样品架。

第二步,参数设置。选择工具栏中的 Settings,再选择第一个选项 Display options,选择需要测量的参数(图 7-4)。

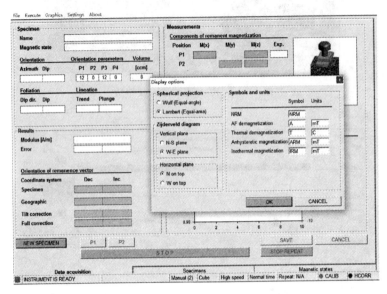

图 7-4　工具栏中的 Settings 界面

选择工具栏中的 Settings,再选择第一个选项 Instrument configuration(图 7-5),会弹出如下的界面(图 7-6)。

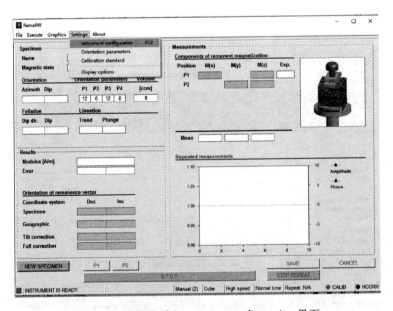

图 7-5　选择选项 Instrument configuration 界面

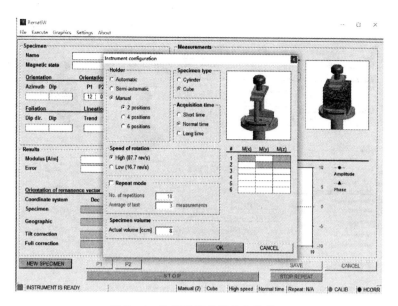

图 7-6　选择样品的形状参数界面

界面中的 Specimen type 是选择样品的形状参数，选择是正方体还是圆柱体；在 Holder 中选择测量方式及用几方位来测量样品；根据不同的需求选择不同的转速。

在设置好一系列参数后点击"OK"键。

选择工具栏中的 Settings，再选择第二个选项 Orientation parameters，点击"CHANGE"，修改 P1，P2，P3，P4 的参数，具体修改原则详见仪器操作说明书。

选择工具栏中的 Settings，再选择第三个选项 Calibration standard，点击"CHANGE"，修改不同形状样品的标准样参数。正方体标准样的参数：Magnetization 为 8.14A/M，Volume 为 8cm；圆柱体标准样的参数：Magnetization 为 6.16A/M，Volume 为 11.15cm。

第三步，标准样检测。选择工具栏中的 Execute，再选择第二项 Holder correction，进行没有标准样情况下的检测，检查仪器自身是否存在问题，以及背景场测量。

检测通过后会显示如下的界面，点击"SAVE"保存，进行下一步（图 7-7）。

选择工具栏中的 Execute，再选择第一项 Calibration，进行有标准样情况下的检测。按照界面上所提示的样品摆放方式放置标准样；检测通过后会显示如下的界面，点击"SAVE"保存，进行下一步（图 7-8）。

以上以正方体为例，圆柱体检测方式相同。

当两项检测不通过的时候，在 NEW……那一栏的参数会显示红色，这时需要检查仪器架的安装是否到位，标准样的位置摆放是否正确。

第四步，样品测量（以正方体样品为例）。在进行各项准备工作后，进入正式测量阶段。

点击界面左下角按钮"NEW SPECIMEN"，得到如下界面（图 7-9）。

在 Name 中输入样品编号，并点击"OK"开始实验测量；此时按照界面右上角的样品位置摆放图，正确地将样品放入仪器中，再点击下方绿色的"P1"或者"P2"进行测量。

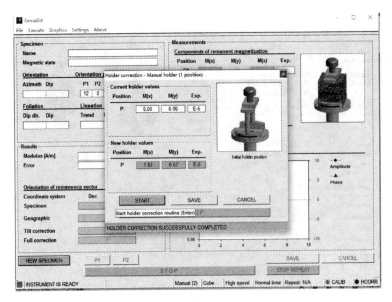

图7-7 没有标准样情况下的检测界面

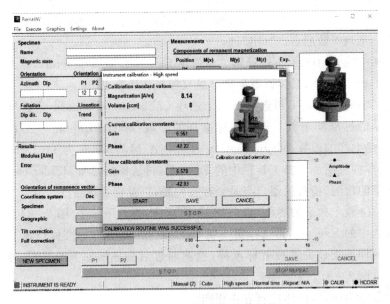

图7-8 有标准样情况下的检测界面

界面中所显示的样品上的红色箭头,是由操作员自己画上去的,根据采样的方向,在样品的顶部标注一个箭头选择一个方向,以便实验操作,以免发生错误。

在一个样品完成测量后,右下角的"SAVE"会变为绿色,点击就会保存,将测量参数保存至选定的文档中,后续测量的样品参数也会保存至该文档中。当需要将测量参数保存到不同的文档中时,需要关闭软件重新打开,重复第四步的步骤保存至其他文档。

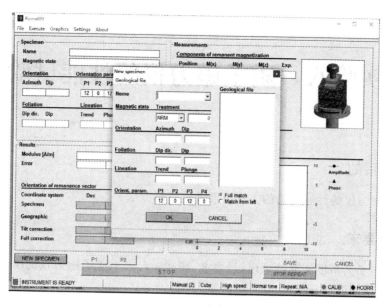

图 7-9　样品测量界面

## 四、实验报告内容

1. 实验目的和要求
2. 实验内容
(1)简述岩石旋转磁力仪的基本工作原理。
(2)简述仪器的基本组成。
(3)简述仪器基本操作步骤。
(4)完成一批不同岩性样品的测定,并作简单的分析。

## 五、思考题

(1)旋转磁力仪与卡帕桥磁力仪测定的参数有何不同?
(2)对旋转磁力仪测定的样品有何要求?

# 实验八  质子磁力仪的性能试验

## 一、实验目的

掌握质子磁力仪的性能试验的方法以及性能计算方法。

## 二、实验要求

(1)按照《地面高精度磁测技术规程》要求,测试 3 台以上质子磁力仪的噪声、一致性和系统差,并将测试结果进行分析;

(2)实验环境没有电磁以及人文活动干扰。

## 三、实验准备

质子磁力仪 3 台及以上;皮尺 1 个。

## 四、实验方法

(一)磁力仪噪声水平的测定

(1)当有 3 台以上磁力仪同时工作时,可选择一处磁场平稳而又不受人为干扰场影响的地区,将这些仪器的探头置于此区,并使探头间距离保持在 20m 以上,以免探头磁化时互相影响。而后使这些仪器同时作日变测量,观测时要达到秒一级同步。此时地磁场变化对这些仪器的观测值的影响是同向的。而这些仪器各自的噪声对观测值的影响则是无定向的,而且仪器数量越多,噪声对这些仪器观测值的平均值的影响将趋于零,就可把此平均值视作地磁场的"真值"。因此可取 100 个左右的观测值按下式计算每台仪器的噪声均方根值 $S$。

$$S = \sqrt{\frac{\sum_{i=1}^{n}(\Delta X_i - \Delta \overline{X}_i)^2}{n-1}} \quad (8-1)$$

式中:$\Delta X_i$ 为第 $i$ 时的观测值 $X_i$ 与起始观测值 $X_0$ 的差值;$\Delta \overline{X}_i$ 为这些仪器同一时间观测差值 $\Delta X_i$ 的平均值;$n$ 为总观测数,$i=1,2,\cdots,n$。

(2)当仪器不足 3 台时,可用单台仪器在上述磁场平稳地区作日变连续观测百余次。当读数间隔为 5~10s 时,则按 7 点滑动取平均值 $\widetilde{X}_i$。

$$\widetilde{X}_i = \frac{1}{7}(X_{i-3}+X_{i-2}+X_{i-1}+X_i+X_{i+1}+X_{i+2}+X_{i+3})$$

当读数间隔为 0.5~1min 时,则按 5 点滑动取平均值。

$$\widetilde{X}_i = \frac{1}{5}(X_{i-2} + X_{i-1} + X_i + X_{i+1} + X_{i+2})$$

而后按式(8-2)计算仪器的噪声均方根值 $S$。

$$S = \sqrt{\frac{\sum_{i=1}^{n}(X_i - \widetilde{X}_I)^2}{n-1}} \tag{8-2}$$

式中：$X_i$ 为第 $i$ 时的观测值，$i=1,2,\cdots,n$；$\widetilde{X}_I$ 为第 $i$ 时滑动平均值；$n$ 为总观测数，$n>100$。

(3)用四阶差分包络值的 $\frac{1}{\sqrt{70}}$ 来表示仪器的噪声水平。当磁力仪的读数间隔远小于外场变化周期时，观测结果中随时间变化的磁场，相对于噪声来说是一种低频成分，而对数据作四阶差分处理，相当于一个高通滤波器。因此在四阶差分值中低频成分被滤掉了，而主要保留了噪声并得到了放大。由此可见，用四阶差分能较真实地反映出仪器的噪声水平。

由于数据是等间隔的，对于第 $i$ 个数据值 $X_i$ 的四阶差分值 $B_i$ 由式(8-3)给出：

$$B_i = X_{i-2} - 4X_{i-1} + 6X_i - 4X_{i+1} + X_{i+2} \tag{8-3}$$

则仪器的噪声水平为：

$$S = \frac{1}{\sqrt{70}} \sqrt{\frac{1}{n-1} \sum_{i=1}^{n}(B_i - \overline{B})} \tag{8-4}$$

式中：$\overline{B} = \frac{1}{n} \sum_{i=1}^{n} B_i$，$n$ 为参加统计的观测值数。

(4)3 种测定噪声方法的比较。为了进行比较，将 3 台微机质子磁力仪按上述要求在同一地点同时测定仪器的噪声水平(达到秒一级同步观测)，而后用 3 种方法计算各台仪器的噪声水平，见表 8-1。

**表 8-1 用 3 种方法计算的噪声水平**

| 磁力仪类型及号码 | 3 台仪器同时测定法 | | 7 点滑动平均法 | | 4 阶差分包络值的 $\frac{1}{\sqrt{70}}$ 法 | |
|---|---|---|---|---|---|---|
| | S 值 (nT) | 与平均值的百分误差(%) | S 值(nT) | 与平均值的百分误差(%) | S 值(nT) | 与平均值的百分误差(%) |
| OMNI-4 | 0.16 | 14 | 0.13 | 7 | 0.12 | 14 |
| 336 MP-4 | 0.17 | 11 | 0.18 | 5 | 0.21 | 11 |
| 316 MP-4 | 0.24 | 11 | 0.30 | 11 | 0.27 | 0 |

由表 8-1 可见，用 3 种方法算出的噪声水平是很接近的，其差异在统计涨落范围之内，而且 3 种方法表示仪器噪声水平的次序不变。

(二)测定磁力仪的一致性

**1. 测定探头的一致性**

经验表明，制作探头与夹固探头的各种材料的"磁清洁"程度有差异，是造成一致性误差的主要因素。因此,在每个测区开工前,要对所有探头的一致性进行测定,方法如下。

首先将成套仪器所配探头(一般是5个)编上号,然后用两台仪器作秒级同步日变观测。其中台站型仪器及一个探头固定不变,即以此为准进行比较。另一台仪器分别轮换同其余4个探头相联结,并注意换探头时主机不能关机,各探头位置应尽量一致,调谐场值预先选好保持不变。每个探头读数30余次以上,而后分别求出相应与台站仪器读数的差值,并计算各差值数组的算术平均值,比较这4个平均值,即可判断探头的一致性。如以某次测定为例,得出5个探头的一致性,见表8-2。

表8-2 5个探头的一致性测定结果

| 探头编号 | 1 | 2 | 3 | 4 | 5 |
|---|---|---|---|---|---|
| 平均值(nT) | 0.4 | 1.3 | 0 | 0.6 | 1.1 |

由表8-2可见,1号、3号、4号探头一致性较好,而2号与5号探头一致性较好,可以配对使用。使用中不能随意调换探头,以免引入系统误差。

**2. 校验主机的一致性**

从原理上说,质子磁力仪的主机就是一个用来测定核子旋进频率的测频器,而当前测频精度是很高的,主机能以0.004 25Hz的分辨率来精确测量频率,出厂时都用精度更高的信号发生器进行校准,并保证绝对准确度50 000nT时为±1nT。所以,一般情况下,主机的一致性都能符合要求。

为校验主机的一致性,可使用同一探头,用不同主机轮换作日变观测,使每台主机读数20～30次,将整个测量段的日变曲线绘出,查看曲线变化趋势是否有脱节现象。若曲线"圆滑",即表明主机的一致性良好。

## 五、实验报告内容

1. 实验目的和要求
2. 实验内容
(1)简述质子磁力仪性能试验的基本方法。
(2)简述质子磁力仪性能试验数据的计算方法。
(3)简述质子磁力仪试验结果分析。

## 六、思考题

(1)为什么要进行仪器性能试验?
(2)仪器性能试验要注意哪些问题?

# 实验九 质子磁力仪测定岩(矿)石标本磁性

## 一、实验目的

(1)了解质子磁力仪测定标本磁参数的原理。
(2)掌握质子磁力仪测定磁参数的方法。

## 二、实验要求

实验环境要求没有电磁以及人文活动干扰。

## 三、实验准备

梯度磁力仪 1 台或总场磁力仪 2 台;无磁正方形标本盒;标本架;量杯;钢卷尺;三角尺;面盆及碎布;计算机等。仪器及辅助设备具体要求如下。

**仪器**:使用质子磁力仪或光泵磁力仪。

传感器采用双探头的梯度测量装置,将标本靠近下探头,则梯度读数即相当于标本产生的磁场。若采用单探头的总场测量装置,则必须在附近另设一台测日变的同类仪器,将每次读数进行日变改正后才能算出标本产生的磁场。

**标本架**:用无磁三脚架(碳纤维或老磁秤三脚架)作支撑,其上置两块活动的(带无磁合页)平板,一块水平放置并固定在架上,另一块倾斜可调,使交角与当地磁倾角相等,并使倾向朝北,置于下探头北侧、板上装有角铝,以防标本盒下滑。

**标本盒**:边长为 10cm 的正方形木盒,按左螺旋系统规定 $X$ 轴向东,$Y$ 轴向北,$Z$ 轴向下,在 3 个轴向的正向盒面分别标以 2,4,6;在 3 个盒的负面上分别标以 1,3,5,当将这标本盒置于上述标本架倾斜面上,$Z$ 轴与地磁场 $T$ 方向一致。

**量杯**:最大量程为 500~1000cm$^3$ 的玻璃量筒;直径 15~20cm、高约 40cm,且在距上端约 5cm 处有一下倾小漏水嘴的铁桶;或感量不低于 5g,最大称量 2kg 的体积秤。

## 四、基本原理及实验方法

### (一)基本原理

利用质子磁力仪测定标本磁参数,其原理实质上还是和磁秤法一样,把距离探头中心足够远的标本视为磁偶极子远。所不同的是,磁秤法只有磁场的垂直分量起作用,所以只考虑当地地磁场的垂直分量。标本相对磁系的位置,为了计算简便,可放在磁系正下方或与磁系在同一水平面上。由于质子磁力仪只能测定磁场的总量,为此,标本与探头中心的连线应当平行于当

地的地磁场 $T_0$ 方向或处在与地磁场方向垂直的水平线上,如图 9-1 所示,我们也分别称这为第一位置和第二位置。

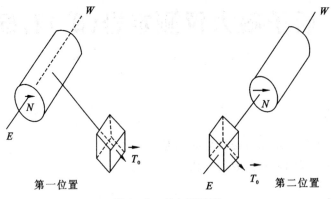

图 9-1 基本原理图

高斯第一位置时,

磁化率:

$$\chi = \frac{5r^3}{3T_0} \times \frac{1}{V}\left[\left(\frac{n_1+n_2}{2}-n_0\right)+\left(\frac{n_3+n_4}{2}-n_0\right)+\left(\frac{n_5+n_6}{2}-n_0\right)\right]\times 10^{-6}\times 4\pi \cdot \text{SI}$$

式中:$r$ 为标本中心到探头中心距离;$V$ 为标本体积;$T_0$ 为当地总磁场值。

剩磁:

$$I_r = \frac{5r^3}{2}\times\frac{1}{V}\sqrt{(n_1-n_2)^2+(n_3-n_4)^2+(n_5-n_6)^2}\times 10^{-3}\,\text{A/m}$$

偏角:

$$\phi = \tan^{-1}\frac{n_1-n_2}{n_3-n_4}$$

(注:方位角由偏角公式的分子分母的正负组合决定)

倾角:

$$\theta = \tan^{-1}\frac{n_5-n_6}{\sqrt{(n_1-n_2)^2+[(n_3-n_4)^2]}}$$

高斯第二位置时,

磁化率:

$$\chi = \frac{10r^5}{3T_0}\times\frac{1}{V}\left[\left(n_0-\frac{n_1+n_2}{2}\right)+\left(n_0-\frac{n_3+n_4}{2}\right)+\left(n_0-\frac{n_5+n_6}{2}\right)\right]\times 10^{-6}\times 4\pi \cdot \text{SI}$$

剩磁:

$$I_r = 5r^3\times\frac{1}{V}\sqrt{(n_2-n_1)^2+(n_4-n_3)^2+(n_6-n_5)^2}\times 10^{-3}\,\text{A/m}$$

偏角:

$$\phi = \tan^{-1}\frac{n_2-n_1}{n_4-n_3}$$

倾角：
$$\theta = \tan^{-1}\frac{n_6-n_5}{\sqrt{(n_2-n_1)^2+[(n_4-n_3)^2]}}$$

## (二)实验方法

(1)选择一处磁场较平稳但无人文干扰磁场的地点，架好仪器及探头，此时梯度读数 $Tn$ 应在零值左右(或有很小底数)。用仪器及探头(如为总场磁力仪，需另设一日变站)的线号键(Line)置入标本编号。用仪器的点号键(Station)按向上盒面的号码(如6)和绕 $Z$ 轴(即 $T$ 方向)每旋转 90°，读取一数编入 601,602,603,604……其余各方面向上时一样，百位上的数字代表轴向(正或负)，个位上的数字代表同一轴向的读数次序数。

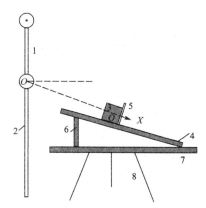

图 9-2 第一位置装置图

1.探头；2.探头支杆；3.标本盒；4.可调倾角的斜板；5.选择 $R$ 及固定标本盒的活动插销；6.固定和调节倾角的螺杆；7.可作水平转动的平板；8.三角架

(2)安置标本架：可采用高斯第一位置(图 9-2)测定，也可采用第二位置测定，使标本架上倾斜板面垂直于地磁场 $T_0$ 的磁力线，并使标本盒位于探头筒的正东(西)面。盒中心与探头中心等高。根据标本磁性强弱，调节标本盒中心与探头中心的距离(不小于 15cm)，为保证数据的可靠性，希望标本产生的磁场能引起 $\geqslant \pm 1nT$ 的变化。

(3)标本装盒：将待测标本放入标本盒内，用碎布塞紧。并注意使标本中心与盒中心一致。对于定向标本，应使其东、北、下方向分别与标本盒 $X$、$Y$、$Z$ 轴正方向一致。

(4)测量：放标本前检查读数 $n_0$ (仪器置点号为 $X_{00}$，其中百位上 $X$ 标上盒面号码)，将标本盒放在标本架上，选择距离 $r$ 使仪器读数变化较大 ($\geqslant \pm 1nT$)，记录距离 $r$；按向上盒面的号码依次读数 $n_1$、$n_2$、…、$n_6$；拿去标本后再次检查底数 $n_0'$。

为减少标本形状不规则、磁性不均匀和标本位置误差的影响，可在每个轴的正、负方向都分别读取 4 个数(标本盒沿 $T$ 方向每旋转 90°读一个数)，按平均值进行计算。

如 $$n_6 = \frac{Th_{601}+Th_{602}+Th_{603}+Th_{604}}{4}$$

(5)测定标本体积：取出标本，用细绳将标本放在水中浸湿，然后轻缓放入装满水的铁筒中，同时用空量筒收集被排出的水。待铁筒中水面平静后，放正量筒并读取量筒中的水量 $V$，此数即为标本体积(cm³)，也可用体积秤称取标本体积。

(6)计算磁性参数。按基本原理公式计算。

(7)测定要求：距离 $r$ 量准到 0.2cm，体积 $V$ 量准到 5cm³；仪器探头附近的磁性干扰物如强磁性标本、铁筒等不得移动；测定过程中，标本架、探头支撑杆不得移动；在一块标本测定期间，$n_0$ 应不变。用第一位置测定时，各读数应满足：

$$\frac{n_1+n_2}{2}, \frac{n_3+n_4}{2}, \frac{n_5+n_6}{2} \geqslant n_0$$

用第二位置测定时，各读数应满足：

$$\frac{n_1+n_2}{2}, \frac{n_3+n_4}{2}, \frac{n_5+n_6}{2} \leqslant n_0$$

(三) 数据整理与计算

将数据回放出来,带入相应公式人工计算,也可以编好程序使数据自动回放到外部计算机内计算并打印出各项结果。

## 四、实验报告内容

1. 实验目的和要求
2. 实验内容
(1)简述质子磁力仪测定岩(矿)石标本的原理。
(2)简述测量装置的基本组成。
(3)简述测试基本操作步骤。
(4)简述标本数据的计算与评价。

## 五、思考题

(1)标本磁性强弱对测量误差的影响有哪些?
(2)标本测量要注意哪些问题?

# 实验十　磁性体模型磁场的场地观测

## 一、实验目的

通过对某种规则磁性地质体磁场的观测，了解其磁场的空间分布特征和与之有关的因素，同时初步熟悉仪器操作。

## 二、实验准备

GSM-19T质子磁力仪1台；50m皮尺2~3个；空间环境无明显电磁干扰；地下局部有一定的磁异常存在。

## 三、实验内容及步骤

（一）实验原理

磁性体磁场的空间分布特征取决于它的形状和磁化强度的大小与方向。实验中用一个装满沙子的圆柱形铁罐模拟磁性地质体，使用总场磁力仪或三分量磁力仪在固定的高度测量总场或磁三分量，对所测得的结果进行分析（图10-1）。

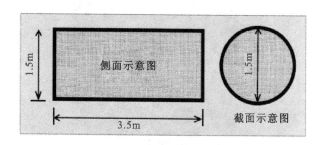

模型参数：
- 钢板厚度0.8cm
- 中心埋深3.3m
- 截面直径1.5m
- 罐体长度3.5m

图10-1　磁性地质体模型

## (二)实验步骤

用皮尺在地面上布置 3 条(东西向或南北向)以上的平行测线,以 0.5m 的点距按操作步骤进行逐点测量,保持探头高度一致,磁性地质体要位于探测区的中央(图 10-2)。

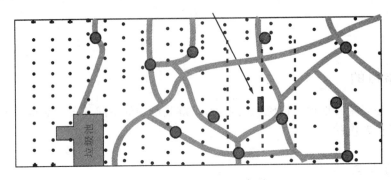

图 10-2 测区测网示意图

整个工区各测点测量完后,取当地正常场作为 $T_0$,则磁异常 $\Delta T = T_i - T_0$,作为剖面正常场计算磁异常 $\Delta T$ 的大小。由于观测时间较短,日变观测视具体而定(图 10-3)。

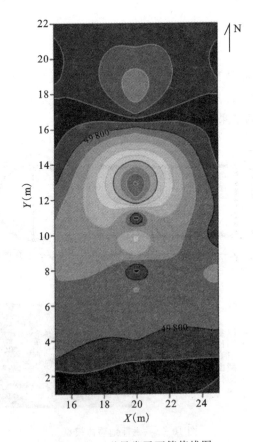

图 10-3 磁异常平面等值线图

## （三）注意事项

(1) 为保证正常场不变，在观测过程中，除磁铁外，任何其他磁性物体不能移动。
(2) 各组之间要避免相互干扰，操作者身上不能携带任何铁磁性物件。
(3) 每条剖面最好由一个人独立完成。

## 四、实验报告内容

1. 实验目的
2. 实验内容
(1) 简述场地观测的基本工作原理。
(2) 简述测区测线的布置。
(3) 简述基本操作步骤。
(4) 简述数据的处理与解释。
a. 利用所得数据绘制 $\Delta T$ 磁异常剖面图。
b. 对实验结果进行讨论。

## 五、思考题

(1) 根据曲线，用你所学过的方法求出磁性体埋深是否与探头高度相同？
(2) 悬丝磁力仪与质子磁力仪有何不同？

**附：磁性体模型磁场观测记录表**

| 点号 | 点距 | 读数 $T_i$ | $\Delta T = T_i - T_0$ | 点号 | 点距 | 读数 $T_i$ | $\Delta T = T_i - T_0$ |
|---|---|---|---|---|---|---|---|
|  |  |  |  |  |  |  |  |
|  |  |  |  |  |  |  |  |
|  |  |  |  |  |  |  |  |
|  |  |  |  |  |  |  |  |
|  |  |  |  |  |  |  |  |
|  |  |  |  |  |  |  |  |
|  |  |  |  |  |  |  |  |
|  |  |  |  |  |  |  |  |
|  |  |  |  |  |  |  |  |
|  |  |  |  |  |  |  |  |
|  |  |  |  |  |  |  |  |
|  |  |  |  |  |  |  |  |
|  |  |  |  |  |  |  |  |
|  |  |  |  |  |  |  |  |
|  |  |  |  |  |  |  |  |
|  |  |  |  |  |  |  |  |
| 备注 |  |  |  |  |  |  |  |

# 实验十一　磁性球体磁异常的正演计算及延拓

## 一、实验目的

学会利用计算机,所学的专业知识、程序设计等综合技术,完成球体磁场的空间分布特征的计算、处理及图示,从而达到进一步理解和应用该内容的目的。

## 二、实验准备

计算机 1 台;Windows XP、Windows 7 以上操作系统。

## 三、实验内容及要求

正确应用和理解磁性球体磁场的正演公式,利用 Matlab、VB、VC、Delphi、FoXPro、Fortran、Flash 等开发软件,以可视化的形式输出地下各种状态下球体磁场的数据,并绘出相应的曲线。

| 点距($dx$) | 中心埋深($h$) | 球体半径($R$) | 有效磁化倾角($i$) |
|---|---|---|---|
| a | 2a | 1a | $-45°\sim+90°$ |

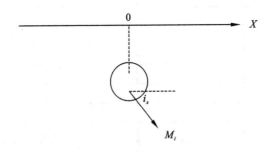

求:(1)球体的 $\Delta T$ 值,并作出相应的曲线;
(2)分别对以上曲线进行向上延拓 $-1a$、$-2a$、$-3a$,向下延拓 $+1a$、$+2a$、$+3a$;
(3)分析空间磁场分布特征。

实验示例：

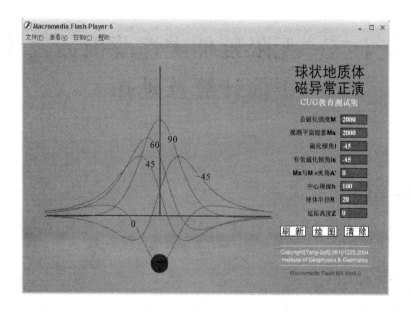

## 四、实验报告内容

**1. 文字部分**

实验名称；计算公式；公式各参数代表的意义；软件使用说明；代表性的界面图；分析 $i_s=90°,60°,45°,0°,-45°$ 时 $\Delta T$ 的特征；分析 $i_s=60°$ 时，向上延拓 $-1a$、$-2a$、$-3a$ 或向下延拓 $+1a$、$+2a$、$+3a$ 时 $\Delta T$ 的特征。

**2. 软件部分**

提交源程序及执行程序。

## 五、思考题

球形磁性体的 $\Delta T$ 在不同 $i_s$ 情况下的特征是什么？

# 实验十二　无限延伸磁性薄板体磁场的正演计算及延拓

## 一、实验目的

学会使用计算机和所学的专业知识、程序设计等综合技术,完成磁性薄板体磁场的空间分布特征的计算、处理及图示,从而达到进一步理解和应用该内容的目的。

## 二、实验准备

计算机 1 台;Windows XP、Windows 7 以上操作系统。

## 三、实验内容及要求

正确应用和理解无限延伸薄板体磁场的正演公式,利用 Matlab、VB、VC、Delphi、FoXPro、Fortran、Flash 等编程软件,以可视化的形式输出地下各种状态下无限延伸薄板体磁场的数据,并绘出相应的曲线。

| 点距($dx$) | 埋深($h$) | 薄板宽度($2b$) | 薄板倾角($\alpha$) | 有效磁化倾角($r$) |
| --- | --- | --- | --- | --- |
| a | 1a | 1a | $0°\sim +90°$ | $-90°\sim +90°$ |

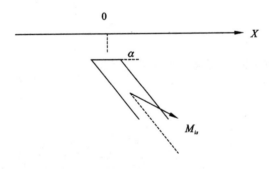

求:(1)无限延伸薄板体的 $\Delta T$ 值,并作出相应的曲线;
(2)分别对以上曲线 $\gamma=30°$ 向上延拓 $-1a$、$-2a$、$-3a$ 或向下延拓 $+1a$、$+2a$、$+3a$,分析 $\Delta T$ 的特征;
(3)分析 $\gamma=-30°,0°,30°,45°,60°,90°$ 时 $\Delta T$ 的特征。

实验示例:

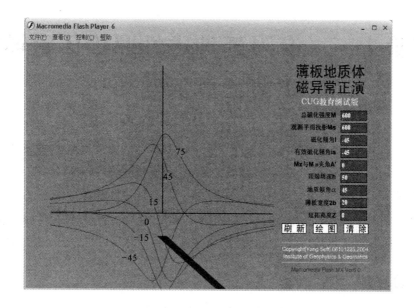

## 四、实验报告内容

**1. 文字部分**

实验名称;计算公式;公式各参数代表的意义;软件使用说明;代表性的界面图;分析 $\gamma=-30°,0°,30°,45°,60°,90°$ 时 $\Delta T$ 的特征;分析 $\gamma=30°$ 向上延拓 $-1a$、$-2a$、$-3a$ 或向下延拓 $+1a$、$+2a$、$+3a$ 时 $\Delta T$ 的特征。

**2. 软件部分**

提交源程序及执行程序。

## 五、思考题

(1)无限延伸薄板体的 $\Delta T$ 在不同 $\gamma$ 和 $\alpha$ 情况下的特征是什么?
(2)薄板体与厚板体的区别主要在哪些方面?

# 实验十三　有限延伸磁性厚板体磁场的正演计算及延拓

## 一、实验目的

学会使用计算机和所学的专业知识、程序设计等综合技术，完成对有限延伸磁性厚板体磁场的空间分布特征的计算、处理及图示，从而达到进一步理解和应用该内容的目的。

## 二、实验准备

计算机 1 台；Windows XP、Windows 7 以上操作系统。

## 三、实验内容和要求

正确应用和理解无限延伸薄板体磁场的正演公式，利用 Matlab、VB、VC、Delphi、FoXPro、Fortran、Flash 等编程软件，以可视化的形式输出地下各种状态下有限延伸厚板体磁场的数据，并绘出相应的曲线。

| 点距($dx$) | 埋深($h$) | 厚板宽度($2b$) | 厚板倾角($\alpha$) | 厚板长度($2l$) | 有效磁化倾角($r$) |
| --- | --- | --- | --- | --- | --- |
| a | 1a | 1a | 0°～+90° | 4a | −90°～+90° |

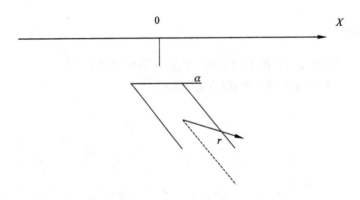

求：(1) 有限延伸厚板体的 $\Delta T$ 值，并作出相应的曲线；

(2) 分别对以上曲线 $\gamma=30°$ 向上延拓 −1a，−2a，−3a 或向下延拓 +1a，+2a，+3a $\Delta T$；

(3) 分析 $\gamma=-30°,0°,30°,45°,60°,90°$ 时 $\Delta T$ 的特征。

## 四、实验报告内容

**1. 文字部分**

实验名称；计算公式；公式各参数代表的意义；软件使用说明；代表性的界面图；分析 $\gamma = -30°, 0°, 30°, 45°, 60°, 90°$ 时 $\Delta T$ 的特征；分析 $\gamma = 30°$ 向上延拓 $-1a$、$-2a$、$-3a$ 或向下延拓 $+1a$、$+2a$、$+3a$ 时 $\Delta T$ 的特征。

**2. 软件部分**

提交源程序及执行成果程序。

## 五、思考题

(1) 有限延伸厚板体的 $\Delta T$ 在不同 $\gamma$ 和 $\alpha$ 情况下的特征是什么？
(2) 薄板体与厚板体的区别主要在哪些方面？

# 实验十四  磁异常的转换处理及反演解释

## 一、实验目的

通过对××剖面磁异常的转换处理与解释，加深对课堂理论教学的理解，学习反演解释的方法和过程，提高独立工作能力。

## 二、实验准备

计算机1台；Windows XP、Windows 7以上操作系统。

## 三、实验步骤及要求

(1)按所给定的磁异常 $Z_a$ 值绘制剖面图(纵比例尺1cm为20～50nT，横比例尺1cm=40m)。

(2)根据所学的二度体磁异常转换和处理的方法，结合剖面曲线的特点及解释的需要，选择合适的计算公式(圆滑/求导/延拓/分量转换)，编制程序进行初步处理，然后进行反演计算及解释。

(3)通过定量计算，确定磁场水平叠加磁性体各自的赋存位置、形状及规模大小。

(4)若有兴趣，可根据定量解释的结果来设计磁性体模型，利用实验五的计算方法进行拟合计算。

磁异常值及其他测线为南北向，点距为20m，有效磁化倾角 $i_s$ 为60°～80°，围岩为无磁性。各点的场值见表14-1。

表 14-1  各点的场值

| 点号 | 1 | 2 | 3 | 4 | 5 | 6 | 7 | 8 | 9 |
|---|---|---|---|---|---|---|---|---|---|
| $Z_a$(nT) | −8 | −9 | −10 | −14 | −17 | −18 | −18 | −19 | −21 |
| 点号 | 10 | 11 | 12 | 13 | 14 | 15 | 16 | 17 | 18 |
| $Z_a$(nT) | −18 | −17 | −15 | −18 | −17 | −16 | −17 | −12 | −9 |
| 点号 | 19 | 20 | 21 | 22 | 23 | 24 | 25 | 26 | 27 |
| $Z_a$(nT) | −5 | 0 | 6 | 15 | 27 | 41 | 57 | 78 | 101 |
| 点号 | 28 | 29 | 30 | 31 | 32 | 33 | 34 | 35 | 36 |
| $Z_a$(nT) | 127 | 150 | 173 | 187 | 188 | 176 | 151 | 125 | 98 |

续表 14-1

| 点号 | 37 | 38 | 39 | 40 | 41 | 42 | 43 | 44 | 45 |
|---|---|---|---|---|---|---|---|---|---|
| $Z_a$(nT) | 79 | 61 | 57 | 60 | 79 | 106 | 146 | 181 | 219 |
| 点号 | 46 | 47 | 48 | 49 | 50 | 51 | 52 | 53 | 54 |
| $Z_a$(nT) | 242 | 240 | 206 | 154 | 92 | 33 | −14 | −48 | −67 |
| 点号 | 55 | 56 | 57 | 58 | 59 | 60 | 61 | 62 | 63 |
| $Z_a$(nT) | −76 | −85 | −87 | −89 | −84 | −79 | −77 | −72 | −69 |
| 点号 | 64 | 65 | 66 | 67 | 68 | 69 | 70 | 71 | 72 |
| $Z_a$(nT) | −64 | −61 | −57 | −53 | −50 | −41 | −36 | −35 | −34 |

## 四、实验报告内容

要求提交一份附有剖面解释结果的文字报告，报告内容应包括反演解释的内容及过程、作各种转换处理的目的及效果分析、定量计算方法的选择及计算结果、不同方法反演结果的比较及分析等。

# 实验十五　岩石磁参数的统计整理

## 一、实验目的

(1)了解岩石磁性参数统计特征值的计算。
(2)学会岩石磁参数的统计图示。

## 二、实验准备

计算机 1 台；Windows XP、Windows 7 以上操作系统。

## 三、实验内容及步骤

磁性参数是受复杂地质因素制约的一种随机变量。统计的目的是从每一类岩(矿)石标本所测得的一批不同参数的随机变量中找出它们的常见值和常见变化范围。由于磁参数一般均满足算术正态分布或对数正态分布的规律。因此，磁参数统计一般采用两种统计方法，即统计计算和统计图示。

### (一)磁参数的统计特征值的计算

**1. 平均值**

(1)算术平均值：

$$\kappa_m = \frac{1}{n}\sum_{i=1}^{n}\kappa_i \tag{15-1}$$

(2)几何平均值：

$$\kappa_R = \left(\prod_{i=1}^{n}\kappa_i\right)^{1/2} \tag{15-2}$$

(3)加权平均值：

$$\kappa_s = \sum_{i=1}^{n}m_i\bar{\kappa}_i \Big/ \sum_{i=1}^{n}m_i \tag{15-3}$$

式(15-1)～式(15-3)中：$m_1, m_2, \cdots, m_n$ 为参加平均的各组数据个数，作为该组的权系数；$\bar{\kappa}_1, \bar{\kappa}_2, \cdots, \bar{\kappa}_n$ 为各组数据的平均值。$m$ 值最大的一组数据中的中值，称为该批数据的常见值。当数据满足正态分布规律、数据量很大时，平均值和常见值($\kappa_c$)相等，所以可用平均值替代常见值。

## 2. 离散特征值

(1)均方差：一批数据中各个数据与平均值（或常见值）之差平方和的均方根称为均方差（方差），按所用平均值不同，可分为两种。

算术均方差：

$$\sigma_m = \pm \left[ \frac{1}{n-1} \sum_{i=1}^{n} (\kappa_i - \bar{\kappa})^2 \right]^{1/2} \tag{15-4}$$

几何平均值：

$$\lg \sigma_g = \left[ \frac{1}{n-1} \sum_{i=1}^{n} (\lg \kappa_i - \lg \kappa_g)^2 \right]^{1/2} \tag{15-5}$$

式中：$\lg \kappa_g$ 为 $\lg \kappa_i$ 的平均值。均方差越大，说明测定的数据越离散；均方差越小，则数据越集中于平均值附近。

(2)常见变化范围：一般以常见值加减 $0.5 \sim 2$ 倍均方差作为参数的常见变化范围，即 $\kappa_c \pm (0.5 \sim 2) \sigma_g$，一般情况下常以 $\kappa_c \pm \sigma_g$ 来确定其变化范围。

### (二)统计图示

利用统计图示的方法统计特征数，一般步骤是：统计分组，编制统计表，绘制直方图、频率曲线及玫瑰图等，并统计特征数值。

### 1. 统计分组

按实测数据的个数和数据的变化范围，将其分成若干组。组的间隔长度称为组距，组距可按等差或等比划分。由数据个数找出分组数，根据数据变化范围和参考分组数确定组距列表（表 15-1）统计每组内所占数据的个数（称频数），由总个数计算各组数据个数的频率（图 15-1）。

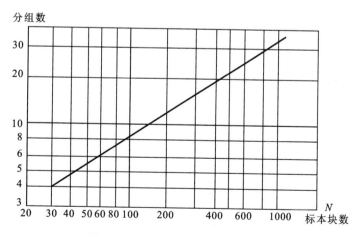

图 15-1 确定统计组数的经验曲线

表 15-1  磁参数统计表

| 组距 | 0~0.5 | 0.5~1.0 | 1.0~1.5 | 1.5~2.0 | 2.0~2.5 | 2.5~3.0 | 3.0~3.5 | 3.5~4.0 | 4.0~4.5 | 4.5~5.0 | 5.0~5.5 |
|---|---|---|---|---|---|---|---|---|---|---|---|
| 各组中值 | 0.25 | 0.75 | 1.25 | 1.75 | 2.25 | 2.75 | 3.25 | 3.75 | 4.25 | 4.75 | 5.25 |
| 频数 $m$ | 1 | 3 | 14 | 21 | 41 | 31 | 19 | 8 | 5 | 3 | 2 |
| 频率 $m/n(\%)$ | 0.7 | 2.1 | 9.5 | 14.1 | 27.7 | 20.9 | 12.9 | 5.4 | 3.3 | 2.0 | 1.4 |
| 累积频率(%) | 0.7 | 2.8 | 12.3 | 26.4 | 54.1 | 75.0 | 87.9 | 93.3 | 96.6 | 98.0 | 100 |

**2. 频率直方图和频率分布曲线**

以磁化率分组值为横坐标，以频率为纵坐标，便可绘制出频率直方图。常见值可以用加权平均值的公式计算，也可以用作图的方法确定，连接直线 $SQ$ 及 $PT$ 相交于一点，交点的横坐标为常见值。

连接各组的中值构成的曲线称频率分布曲线。如果该统计的磁参数满足正态分布规律，则频率分布曲线应为对称曲线。极值对应的横坐标为常见值（$\kappa_c$），而极大值的 0.6 倍对应的横坐标范围为常见变化范围。当曲线不对称时，可利用直方图的最大值组的两个顶点 $S$、$T$ 与其相邻的两侧最近角点 $P$、$Q$ 之间对角连线的交点所对应的横坐标为常见值。根据此交点可以近似求出圆滑后的极值，用同上方法可求得常见变化范围（图 15-2）。

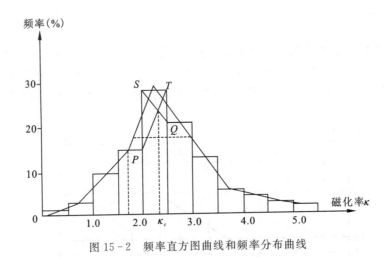

图 15-2  频率直方图曲线和频率分布曲线

**3. 玫瑰图**

极坐标的射线表示角度，等间距的同心圆表示频率。统计方位角 $\varphi$ 用全圆，射线 0～360°。统计剩磁倾角用 $\theta$ 半圆，射线 -90～90°。作圆时，将方位角 $\varphi$ 和剩磁倾角 $\theta$ 分组统计的各组中值及其频率值点到极坐标纸上，然后依次连接各点即绘得玫瑰图。玫瑰图的长轴方向即为 $\varphi$ 和 $\theta$ 角常见值（图 15-3）。

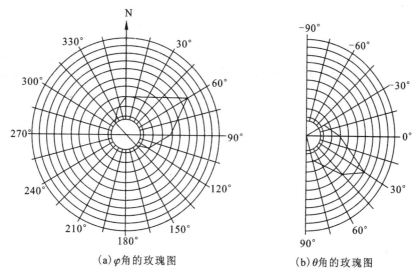

(a) $\varphi$ 角的玫瑰图　　(b) $\theta$ 角的玫瑰图

图 15-3　玫瑰图统计剩磁方向

## 四、实验报告内容

1. 实验目的和要求
2. 实验内容

根据给定的岩(矿)石磁参数测量数据：
(1) 计算得出磁参数的统计特征值。
(2) 统计分组。
(3) 绘制频率直方图和频率分布曲线，并得出统计结果。
(4) 绘制玫瑰图，并统计方位角 $\varphi$ 和剩磁倾角 $\theta$。

## 五、思考题

如何统计得出岩(矿)石标本磁参数数值？

# 实验十六　利用 IGRF-12 模型计算地磁要素

## 一、实验目的

(1) 掌握地球磁场高斯球谐分析基本原理。
(2) 学会利用 IGRF-12 模型计算地磁要素。

## 二、实验准备

计算机 1 台；Windows XP、Windows 7 以上操作系统。

## 三、实验内容及实验步骤

(1) IGRF-12 模型：IGRF-12 是 2014 年 12 月由国际地磁和高空物理协会(IAGA)公布的国际地磁参考场模型。1968 年 IAGA 首次提出并公认了 1965 年的高斯球谐分析模式，并在 1970 年正式批准了这种模式，称为国际地磁参考场模式，记为 IGRF。它是由一组高斯球谐系数和年变率系数组成的，为地球基本磁场和长期变化场的数学模型，并规定国际上每五年发表一次球谐系数，以及绘制一套世界地磁图。

(2) 地磁场高斯球谐分析基本原理(见教科书，此处略)。

(3) 地磁要素及地磁图。地磁要素是表示地磁场大小和方向的物理量，共 7 个，分别是地磁总场 $T$、北向分量 $X$、东向分量 $Y$、垂直分量 $Z$、水平分量 $H$、地磁倾角 $I$ 和地磁偏角 $D$(图 16-1)。

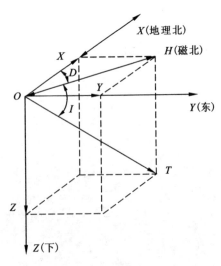

图 16-1　地磁要素图

各个地磁要素之间几何关系为：
$$T = X^2 + Y^2 + Z^2$$
$$H = X^2 + Y^2$$
$$H = T \cdot \cos I$$
$$X = H \cdot \cos D$$
$$Y = H \cdot \sin D$$
$$Z = T \cdot \sin I$$
$$D = \arctan(Y/X)$$
$$I = \arctan(Z/H)$$

## 四、实验报告内容

1. 实验目的和要求
2. 实验内容

(1) 地磁场高斯球谐分析基本原理。

(2) 根据武汉地区经纬度坐标和海拔值，利用给定的 IGRF-12 模型和 Matlab 程序，计算武汉地区地磁场 $X$、$Y$、$Z$ 分量。并根据地磁要素关系式，计算出其他地磁要素值。

(3) 根据经纬度，将全球划分成规则网格，分别计算出每一个地磁要素值，并绘制平面等值线图，以及分析分布规律。

## 五、思考题

(1) IGRF 在实际磁法勘探工作中有何用处？
(2) 地磁总场全球分布规律有什么特征？

# 实验十七　磁日变观测与日变曲线分析

## 一、实验目的

(1)了解地磁场磁静日变化的原因及变化规律。
(2)掌握磁日变校正基本原理。

## 二、实验内容及步骤

太阳静日变化是以一个太阳日24h为周期的变化,称为地磁日变。它的变化是依赖于地方太阳时。其基本特点是:各个地磁要素的周日变化是逐日不停地在进行,其中振幅易变,相位几乎不变(图17-1)。

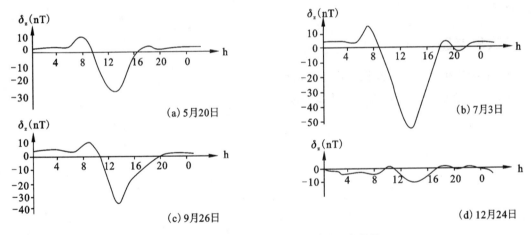

图 17-1　我国南方某城市不同季节日变曲线

### 1. 日变站的设立

日变观测站的选址和建立需要符合如下条件:
(1)地基稳固,周围地形平坦,交通方便,便于识别。
(2)背景场平稳。探头在半径2m和高差0.5m范围内,磁场变化不超过设计总均方根误差的1/2,可通过做"十字"剖面的方式来确定背景磁场是否平稳。
(3)周围磁干扰小。周围没有建筑物、信号发射塔、输电线、车辆等工业设施和人文干扰,并且需要防风防雨,防止人畜干扰。

**2. 日变站仪器的设置**

挑选稳定可靠的磁力仪进行日变观测。日变观测的采样间隔,应根据磁测精度的等级选择,一般在 10~30s 之间选择。要保证足够的内存容量和电池供电时间。在一个工作日内,日变观测应始于早校正点观测之前,终于晚校正点观测之后。

日变站仪器启动工作之前,需要将所有磁力仪放在一起,同时设置相同的系统时间。

**3. 日变记录曲线分析**

记录结束后,对日变记录曲线加以分析,分析日变曲线总体变化规律。如果曲线有明显的振荡,需要认真分析其原因。

## 三、实验报告内容

1. 实验目的和要求
2. 实验内容
(1)日变站的选址与设立。
(2)磁力仪系统参数设置。
(3)日变观测。
(4)日变曲线分析。

## 四、思考题

(1)日变曲线 24h 周期的变化规律如何?
(2)如果日变曲线中存在剧烈的振荡,该如何处理?

附件一

# GSM－19T 质子磁力仪操作手册

1. 仪器连接：注意传感器的定向，凹槽直立。
2. 开关仪器：开机－按 B 键；关机-同时按 O、F 键，关闭电源；在任何时间下同时按下 1 和 C 键，屏幕上则会以字母或数字形式显示出所要选择的各种功能（菜单）。
3. 参数选择：开机后屏幕显示主菜单。

SCREEN 1

```
A - survey      B - diurn. cor
                                    F - GPS
C - info     OF - off    D - test
          00                           15    II
E - time - synch    1 - send        TU
                                    01:04:15
45 - erase       2 - enter text
                                           13.2V
```

从主菜单上，可以看到如下菜单：

**A**－调查菜单（survey menu）；**B**－日校正菜单（diurnal correction）（暂时无功能）；
**C**－资料菜单（info menu）；**D**－测试（test）（对仪器功能，按键功能等测试）；
**E**－时间同步（time synchronization）（暂时无功能）；**1**－数据传输（data transfer）；
**F**－GPS 选择（GPS option）（暂时无功能）；**2**－文本模式（text mode）（作用不大，不选）；**45**－数据删除（data erasing）（只删除观察数据，保留设置）。

根据需要，按键进入所选择下级菜单，如按下 A 键，进入调查菜单，屏幕显示：

SCREEN 2

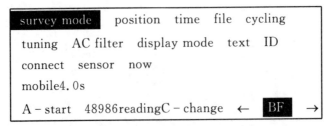

屏幕中：
survey mode－测量模式设置；position－点线号设置；cycling－循环、采样时间设置；

time－时间设置；file－文件名设置；tuning －调谐场、背景场设置；AC filter－50、60 Hz 陷波设置，选择 No；display mode－ 测量结果显示模式（数字、曲线）；text－文本说明；ID－地址说明/操作员号设置。

使用 ←**BF**→左右移动光标，到位后按 C 键（change）选定/改变，然后进行设置。

调查方式设置：在菜单中选定（光标移动到，下同）调查菜单（survey mode）。按下 C 键选择，想要应用的调查方式被显示如下：

SCREEN 3

```
A - mobile    B - base      C - grad
D - walkmag   E - walkgrad
```

根据工作要求进行选择：
**A**－移动方式（点测，野外常用方式）；**B**－基站方式（日变观察）；
**C**－梯度方式（暂无此功能）；**D**－步行（移动中测量，暂无）；**E**－步行梯度（暂无）。
（注：不同型号仪器显示有差异，下同）
当选定一种方式后，返回 SCREEN 2。进行其他项设置。

位置/点线号设置：在菜单中选定"position"。按下 C 键，屏幕显示如下：
SCREEN 4

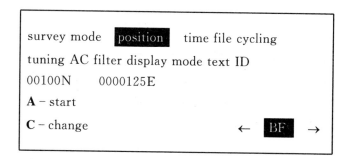

屏幕显示的点线号（00100N　0000125E）是上次的设定位置或是空缺。要进行重新设置，按 C 键，屏幕显示有按照 X/Y 坐标的方式设置（如 SCREEN 5）和按照线号方式设置（如 SCREEN 6）两种。按 C 键进行切换选择。

SCREEN 5

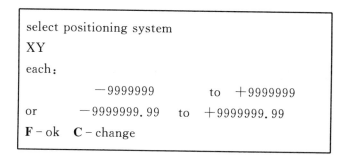

现在一般按测线、测点的方式进行，不选择 X/Y 坐标模式，故按 [C] 键切换到屏幕6：
SCREEN 6

```
select positioning system
LINE    0 to 99999
STATION         0       to    9999999
                   or  0.00  to
99999.99
each with   NN  NE  E  SE  S  SW  S  NW
F - ok    C - change
```

按 [F] 键选定，然后选择按照点线号方式测量设置。屏幕显示：线号设置。
SCREEN 7

```
LINE 00100 N                    F - OK
Change   A - number   B - coordinates
EOL INCREMENT    +00100
change   C - sign   D - number
LINE INCREMENT    +00000
Change   E — sign   0 - number
```

A—改变线号；B—改变测线的方向（N,NE,E,SE,S,SW,W,NW）；
C—线号变化符合，用+/-号表示下一条测线号大小的变化；D—线号增量；
E—改变线尾增加的标记（忽略）；0—线增加（忽略）。

当按下 [A] 改变线号，显示如下：
SCREEN 8

```
E - enter              C - clear
```

这里能键入 0~9 数字表示线号，这时，[A] 键作为小数点用，如果测线号输错，用 [C] 键清除后重新输入。确认按 [E] 键保存。

按 [B] 键选择测线方位。注意：要在某些键盘下的蓝色字母中选择。选择后屏幕返回 SCREEN 7，进行线增量设置。改线增量符号，按 [C] 键变化+/--号进行选择和线增量（按 [D] 后进行）。

LINE INCREMENT 设置为 0。不要变化。

按 [F] 键，进行测点设置。

SCREEN 9

```
STATION  012345.50      E
Change   A - number   B - coordinates

STATION   INCREMENT   +00012.25
change   C - sign   D - number
F - OK
```

设置方式同线号设置(注意:基站/日变观察方式不设置)。
测线测点的编排是按照北大东大的规定进行。因此要注意测线、测点的增量符号+/-选择。
设置好后按 F 键返回 SCREEN 4。进行其他参数设置。
时间设置:移动光标到 time 并选定,进行时间设置,屏幕显示如下:
SCREEN 10

```
W yy mm dd hh mm ss
c - clear
```

现在键入日期和时间,假如有错,再按下 C 进行改正。时间输入按下面的规定进行。
W—星期几;1—星期一,7—星期日;YY—年;MM—月;DD—日;HH—小时(24 小时制);MM—分钟;SS—秒。
当所有数字键入之后,屏幕显示如下:
SCREEN 11

```
6070728093000
F—start—clock
```

按 F 键,就确定了开始的时间。几台仪器进行同一项工作,时间应该统一,这时在设置统一的时间后,同时按 F 键开始计时。
文件名设置:在调查菜单中,移动光标到 file 并选定,进行文件名设置,屏幕显示如下:
SCREEN 12

```
survey mode  position   file   cycling
time
tuning AC filter display mode text ID
01 surver.m
A - start
C - change                    ←  BF  →
```

按C键,可以写入/改变文件名。

写入/改变文件名时,使用键盘上的红色字母,如果需要某键上的第二个或第三个字母,压下相应的键二次或三次。每次输完一个字母按F键下移,设置完后,按E键返回。

在磁力仪中能存储50个文件,文件格式为01survey.m,但操作员只能改变数字和扩展名中间的6个字母。文件扩展名的移动模式为.m,基站模式为.b。

测量/循环时间设置:在调查菜单中,移动光标到cycling并选定,进行文件名设置。

SCREEN 13

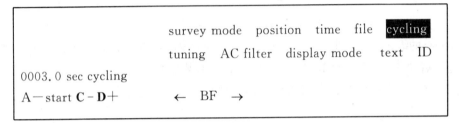

按D键增加/C键减少循环时间,一次1秒。最小为3秒。

在移动等模式下GSM-19T不能自动循环测量,必须压下按钮取得每次读数。上述循环时间表示最大的等待时间,使其能保证测点与基站同步读数。当仪器设置为立即启动,这意味着在调查模式中按下任何一个键,开始直接读数。这时测点和基站测量时间不对应。

磁力仪调谐场/背景场设定:移动光标到tuning,按C键开始设置,屏幕显示如下:

SCREEN 14

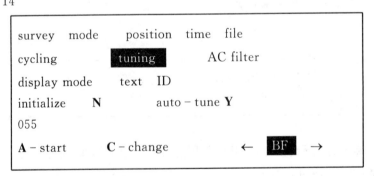

C键可以进行如下3个参数设置:

1. 初始调谐;2. 自动调谐;3. 按$\mu T$为单位输入调谐场背景值。

按下C键,可见如下屏幕:

SCREEN 15

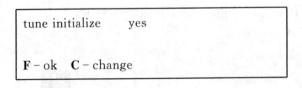

按C键选择初始调谐是(yes)或不是(no),考虑到一些原因,一般选择no。然后按下F键,选择测点测量自动调谐(auto-tune)。屏幕显示如下:
SCREEN 16

```
auto-tune    yes
F-ok   C-change
```

按C键在 yes/no 中选择 yes,按F键后屏幕显示如下:
SCREEN 17

```
              48
tuning 19-131 microT
F-ok   C-change-number
```

键入工区背景场强度(单位为 μT)。输错按C键改正。确认后,按F键退回调查菜单。
交流滤波器设置:在调查菜单中,移动光标到 AC filter 并选定,屏幕显示如下:
SCREEN 18

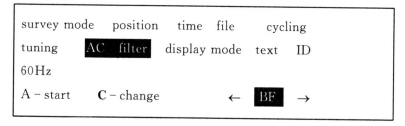

用C键在 60Hz 和 50Hz 触发或 no 三档中选定。建议选择 no。确定后用F键下移。
显示方式(display mode)设置:在调查菜单中,移动光标到 display mode,按C键开始设置。用C键在文本(text)或图形(graph)两个之间选择。
SCREEN 19

```
text
display-mode
F-ok   C-change
```

如果选择了文本方式(text),测量结果显示为数字。

SCREEN 20

```
graph
no text
display-mode

F-ok   C-change
```

如果选择了图形方式(graph),测量结果显示为曲线。这时,图形与场值在左上角用大写一道显示如下屏幕:

SCREEN 21

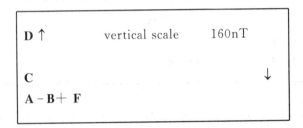

用 A- 或 B+ 选择垂直刻度,用 D 或 C 调整液晶点的垂直偏移(保持快速压下,连续起作用),以保证曲线在屏幕中全部显示。

显示方式选定后按 F 键确认。

文本设置:在调查菜单中,移动光标到 text(文本)并选定。屏幕显示如下:

SCREEN 22

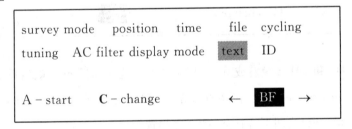

按下 C 键,允许写入一个文本(注释或短语)。

磁力仪的 ID(识别号、操作员号)设置:在调查菜单中,移动光标到 ID 并选定。

SCREEN 23

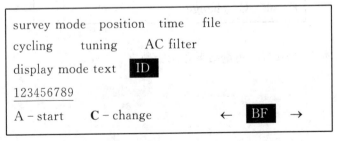

按下 C 键允许改变这个仪器的识别号,在测量数据回放时,这个值在文件头显示。ID 最大允许 9 个数字。用于识别操作员或与当前文件及设备相关的附加信息。

野外测量:所有参数设置好后,只要按下 A (A-start),就可以进行测量。

SCREEN 24

```
56,789.34 nT        12.34    nT          99
A - menu      1 - repeat (same position)
other keys - read
L 100 N        S 200 E
```

这里:第一个数(56,789.34)是总的磁场强度;第二个数(12.34)是与前一次读数的差;第三个数(99)是信号的质量。99 最大,质量最好;最后一行是线号和站号(或 X/Y 坐标)。

工作时,按下任何键,都执行读数(A 键除外,A 键是返回到菜单)。而且点号自动增加。

如果需要在某测点重复测量,则按 1 键,点线号不会变化。测量后,场值自动保存。

工作结束,停止测量或退出测量,请按 A 键。屏幕显示如下:

SCREEN 25

```
A - position      B - enter text    C - tune
4 - graph vertical scale    5 - display - mode
1 - info         0 - noise
E - EOL
F - ok
```

菜单中的一些参数说明如下:

A——位置——设置坐标在屏幕上的位置,注:只能改变坐标,不能改变系统;

B——进入文本——允许记下信息和注释,以便最后用 SEND(输出菜单)恢复;

C——调谐——进入调谐设置屏幕;

4——图形——如果选择了图形模式,允许改变图形的标尺和偏移;

5——显示模式——选择显示模式;

E——EOL——改变线号。点号自动变化;

F——OK——返回到调查;

0——噪声——显示传感器噪声标准值应≤100;

1——信息——很有用地提供了关于最后读数象信噪比测量时间(ms),也可显示存储器的读数。

注意:一条测线测量结束,要返回调查菜单,重新在 position 中改变线号。此时,如果新测线测量方向与测量后的测线方向相反,应改变测线、测点增量的符号。

数据组织和传输:

在如下情况下,新的文件是自动建立的。

1.选择一个新的调查模式并做完了最后一次读数。
2.当前的文件运行进入了新的一天(跨午夜)。
3.停止了并重新启动一个基站。

文件和目录:GSM-19 的目录功能能用于显示磁力仪中的所有文件。

要选取这个功能,在主菜单中,按下 C 键(c-info),然后按 D 键(D-dir)。文件名显示在屏幕左方,这个文件读取的数值在右方。

快速的按下 F 键,浏览下一个文件。如果一直按住 F 键,可以看到内容。

数据传输设置:在主菜单时,按下 C 键,屏幕显示如下:

SCREEN 27

```
F - time      B - RS232     D - dir
C - review
A - remote    0 - datum     E - channel
2 - buzzer    3 - info
```

按下 B 键,进入 RS-232 设置的 send(数据转储)功能(SCREEN 28)。

SCREEN 28

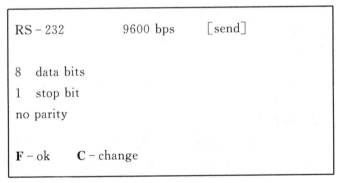

如果显示的传输速率/波特率与回放程序中的相同,按下 F 键选择正确。如果不一致,按 C 键进行选择,必须保持一致。

SCREEN 29

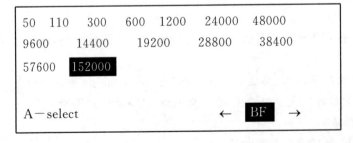

用 B、F 键移动光标到选择的速率,按下 A 键存储选择,屏幕又返回到 28。
按下 F 键选择 RS-232 的实时传输(RTT)参数(SCREEN 30)。
SCREEN 30

```
        real  time  RS-232    transmission
                              yes
                F-ok    C-change
```

按 C 键选择是或不是。如果不想实时传输,则选不是,并按 F 键返回到 info 菜单,然后再同时按 1、C 键返回到主菜单。若选择是并按 F 键,屏幕显示实时传输设置(RTT),按下 A 键存储选择(SCREEN 31),如果完成,按 F 键回到 info 菜单,再按 1+C 键返回到主菜单。
SCREEN 31

```
   19200    28800    38400    57600   115200
   A-select                      ←  BF  →
```

数据传输设置已经确定,仪器自动保存。
数据传输:
1. 使用配套的数据传输线连接仪器主机和计算机。
2. 然后,在主菜单时按下 1 (1-send)传输测量数据到计算机中。
3. 如果在存储中大于1个文件,将提示用户选择文件,否则将自动运行到 SCREEN 71 或在有些情况下直接进行数据传输。
SCREEN 70

```
              2
   file

   F-ok    C-change-number
```

●选择要传输的文件(按下 C 改变数并键入文件号),并按下 F 键。
SCREEN 71

```
   A-Data
   D-text    E-data+text
```

A—Data 传输时间,坐标,原始场和校正场(如果做了日校正)。
D—text 仅传输文本注释,可以在调查时记录。

数据传输的格式如下:

格式一(日变观测方式):
Gem Systems GSM‐19TW
1031078 v6.0 22 IV 2002
ID 0 file 03 demo.wm　24 IV 02
00040N　0000001 N
132055.0　48101.68 99
132056.0　48101.69 99
132057.0　48101.67 99
……

格式二(测点观测方式):
Gem Systems GSM‐19TW
1031078 v6.0 22 IV 2002
ID 0 file 03 demo.m 24 IV 02
00040N　0000001.0N　48101.68 99
00040N　0000001.1N　48101.69 99
00040N　0000001.3N　48101.67 99
00040N　0000001.5N　48101.67 99
……

清除内存:GSM‐19磁力仪内存一旦清除,数据绝对不能再恢复。因此,内存清除前必须确认数据已经回放保留了。

在主菜单时,同时按下 4 和 5 键。

SCREEN 86

```
erase    data ?

er‐erase      n‐NO
```

● 如果选择不清除,按 n‐No( 6 键)后系统返回到主菜单。
● 要清除数据,同时按下 e 和 r( 3 和 7 键),仪器显示清除存储的百分比。

SCREEN 87

```
please wait

010% of memory erased
```

当100%清除后,按 F 键结束。

附件二

# GSM-19T 质子磁力仪数据回放及日变校正操作说明

## 一、数据回放操作说明

1. 在电脑上安装磁力仪厂家随机携带的回放软件 GemLink V5.0 Software。运行文件夹中的 setup.exe 即可,安装完成后会自动在桌面上建立启动程序的快捷键。

2. 用专用数据线连接电脑和 GSM-19T 磁力仪,数据线通常由一截 RS-232 串口线和一截串口到 USB 接口的转换线组成。如图 1 所示,对于转换线可能需要安装相应的驱动程序。

3. 运行 GemLink 5.0 程序,屏幕上显示程序主界面如图 2 所示。

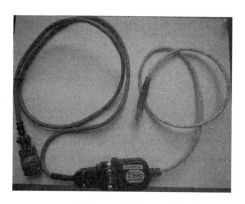

图 1　数据线

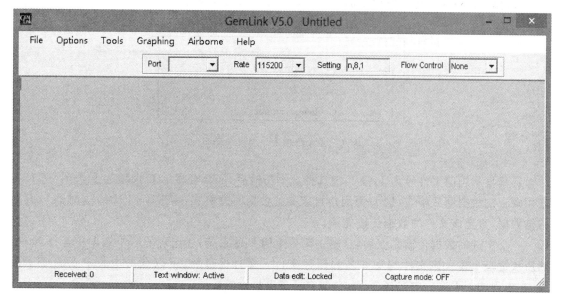

图 2　数据回放主界面

(1)在 Port 下拉框中显示传输数据的串口,比如 com3,不用选择,连接磁力仪后会自动搜索到。

(2)在 Rate 下拉框中选择数据传输率,比如 9 600,注意选择的传输率一定要与磁力仪中设定的传输率一致,否则数据将传输失败。

在磁力仪上的操作:B 键(开机)—C 键(显示信息)—B 键(RS‐232 信息)可以显示和改变磁力仪的数据传输率,如图 3 所示。

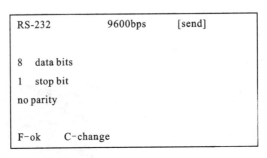

图 3　改变串口参数的显示

(3)在 Setting 窗口显示串口参数,请使用缺省参数,不要改变,否则数据传输失败。
缺省参数是"n,8,1"表示奇偶不校验,8 个数据位,1 个停止位。
(4)在 Flow control 下拉窗口显示"None",不要改变,表示流量不控制。

4. 磁力仪的数据回放操作
(1)按 B 键开机。
(2)按 1 键(send)进入数据传输菜单。显示菜单如图 4 所示。

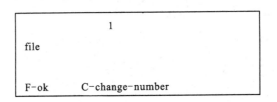

图 4　文件选择菜单的屏幕显示

屏幕显示当前文件号为 1,按 F 键选择数据传输后,屏幕会显示 D 选项和 F 选项(选 D 是使用缺省的数据回放格式,选 F 为用户自定义的数据回放格式,一般不用 F)。这时选 D 开始传输数据,直至该文件的数据传输完毕。

一个文件的数据传输完成后,点击主菜单上的 File 菜单,在出现的若干选项中选择 Save,然后从键盘上输入该文件的文件名并保存文件。文件保存后,可以点击主菜单上的 File 菜单,在出现的若干选项中选择 New,会清空屏幕上显示的数据。

随后,根据情况做如下操作:
①如果磁力仪中还有需要回放的其他文件,则操作磁力仪按 C 键,改变文件号,改完后按 F 键。其后的操作同上。直至所有的数据全部传输完成。

②如果该磁力仪中所有文件已经回放完,务必将磁力仪关机后再取下数据传输线,然后换一台磁力仪进行新的数据回放。方式同上。

注意:数据回放时,连接好数据传输线后再打开磁力仪,磁力仪关机后再取下数据传输线。

5. 数据回放的格式

(1)野外测点观测数据回放格式如下。

/Gem Systems GSM-19T 9103420 v7.0 23 IV 2009 M t-e2.v7
/ID 3 file 01survey.m    07 XII13/

| /X | Y | nT | sq | cor-nT | time |
|---|---|---|---|---|---|
| 00000S | 0000010 W | 53961.10 | 99 | 000000.00 | 063505.0 |
| 00000S | 0000010 W | 53961.20 | 99 | 000000.00 | 063511.0 |
| 00000S | 0000010 W | 53961.15 | 99 | 000000.00 | 063517.0 |
| 00200S | 0000200 W | 53864.14 | 99 | 000000.00 | 065805.0 |
| 00200S | 0000202 W | 53870.28 | 99 | 000000.00 | 070053.0 |
| 00200S | 0000204 W | 53871.19 | 99 | 000000.00 | 070114.0 |

表头说明后,第一列数据是测线的线号,第二列数据是测点的点号,"S""W"表示方位;第三列数据是磁场值;第四列数据是表示磁测数据品质,"99"为最佳;最后一列是测点的观测时间,"063505"表示该点测量时间是6时35分5秒。

(2)日变观测数据回放格式如下。

/Gem Systems GSM-19T 1064433 v7.0 23 IV 2009 M t-e2.v7
/ID 3662 file 01survey.b    27 VII15
/datum  53500.00/

| /time | nT | sq |
|---|---|---|
| 063042.0 | 53938.23 | 99 |
| 063102.0 | 53938.11 | 99 |

表头说明后,第一列数据是日变的观测时间,第二列数据是对应时间的磁场值,第三列是磁测数据品质。

表头说明中的"datum  53500.00"是磁力仪工作前给定的调谐场场值(亦可认为是测区的正常场场值)。

## 二、日变校正操作说明

运行 GemLink 5.0 程序,屏幕上显示程序主界面如图5,点击主菜单上的 Tools 菜单,在出现的若干选项中选择 Diurnal Correction utility 进行日变校正。此时对话框如图6所示。

在这时需要输入测点观测(Mobile 方式)采集的数据文件(Rover File)和日变(Base 方式)采集的数据文件(Base File)并选择确认某些参数。具体操作如下:

1. 在 Rover File 下的文本框中输入以 Mobile 方式采集的数据文件。过程如下,点击文本框右边的 Open 按钮,出现文件选择对话框(文件名为图4中给定的),选择文件后出现对话框如图6所示。

在 Select Time entry 下拉框中选择时间列,即开始观测数据的最后一列,图6中为072008.0(7点20分8秒)。

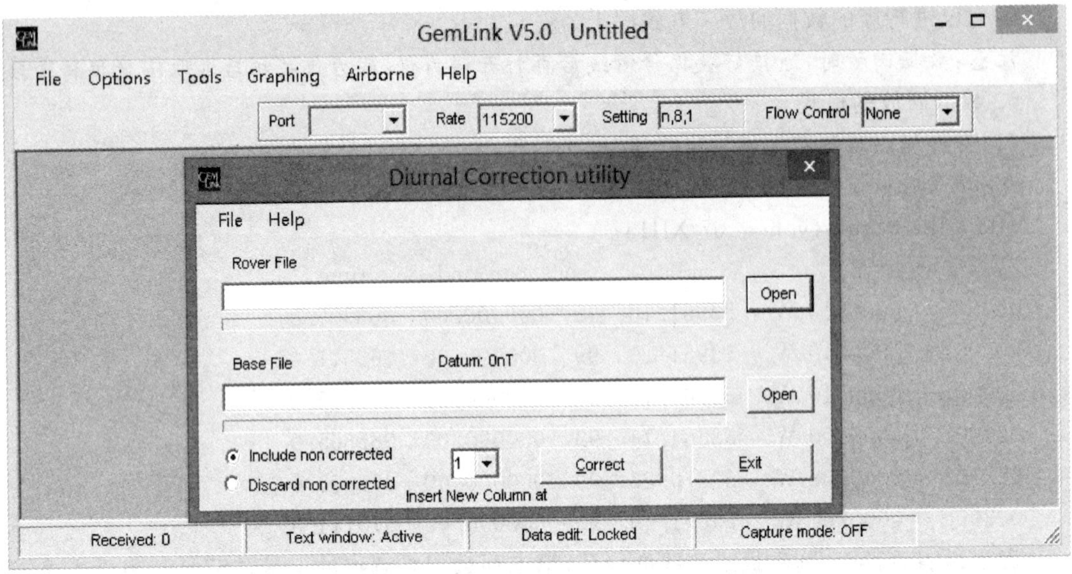

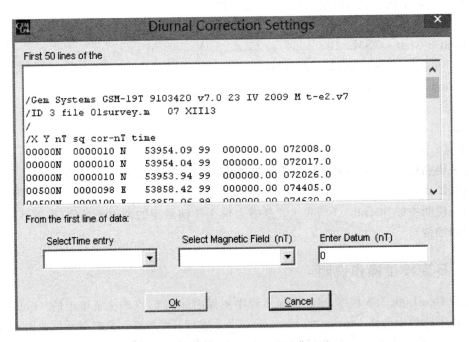

图 5　日变校正的屏幕显示

图 6　选择数据列（Mobile）的屏幕显示

注意：这一时间必须晚于日变观测第一个测点的时间！

在 Select Magnetic Field(nT) 下拉框中选择磁场数据列，即开始观测数据的第四列，图 6 中为 53 954.09。

在 Enter Datum(nT) 下面的文本框中输入"0"，输入完成后点击"OK"键，如图 7 所示。

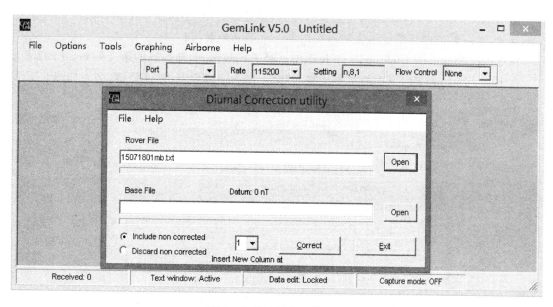

图 7　文件选择的屏幕显示

需要说明的是：在 Enter Datum(nT) 下面文本框中输入"0"，日变校正后输出的是 $\Delta T$，即磁异常值。输入"0"的前提条件是：所选择的日变观测点位于磁异常的正常场区域内。

如果在 Enter Datum(nT) 下面文本框中输入的是当地正常场，则日变校正后输出的是包含了异常的总场 $(T)$。这时如果需要提取磁异常场值，还需要进行正常场校正，即 $\Delta T = T - T_0$。

2. 在 Base File 下的文本框中输入以 Base 方式采集的数据文件（即日变观测数据文件）。过程如下，点击文本框右边的"Open"按钮，出现文件选择对话框，选择文件后出现对话框如图 8 所示。

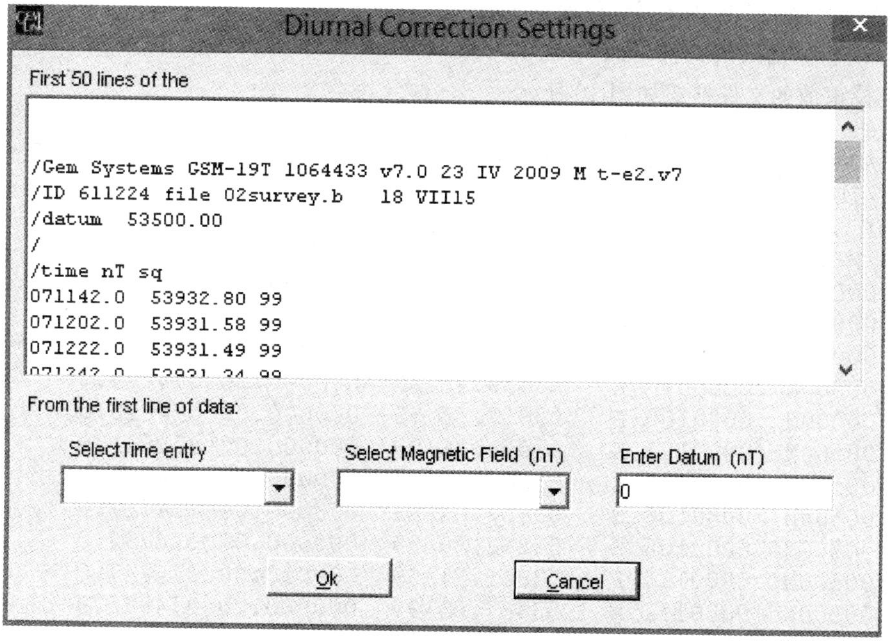

图 8　选择数据列（Base）的屏幕显示

在 Select Time entry 下拉框中选择时间列,即数据的第一列,如 071 142.0。

注意:这一时间必须早于工区测点观测第一个测点的时间!

在 Select Magnetic Field(nT)下拉框中选择磁场数据列,即数据的第二列如 53 932.80。

在 Enter Datum(nT)下面的文本框输入"0"。输入完成后点击"OK"键,结果如图 9 所示。

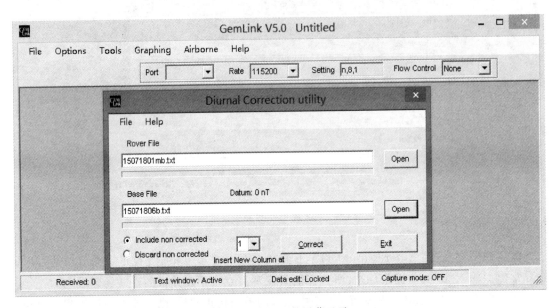

图 9　日变校正的屏幕显示

3. 点击图 9 菜单中的"Correct"按钮,开始进行日变校正。校正完成后,出现对话框,显示日变校正的信息,点击"确定"按钮完成日变校正工作。然后点击"Exit"按钮,出现文件保存对话框,输入文件名,点击"保存"按钮保存文件。

4. 日变校正前后的文件格式

日变校正前的文件格式如图 10 所示。

```
/Gem Systems GSM-19T 9103420 v7.0 23 IV 2009 M t-e2.v7
/ID 3 file 01survey.m    07 XII13
/
/X Y nT sq cor-nT time
00000N    0000010 N    53954.09 99    000000.00 072008.0
00000N    0000010 N    53954.04 99    000000.00 072017.0
00000N    0000010 N    53953.94 99    000000.00 072026.0
00500N    0000098 E    53858.42 99    000000.00 074405.0
00500N    0000100 E    53857.06 99    000000.00 074620.0
00500N    0000102 E    53858.26 99    000000.00 074641.0
00500N    0000104 E    53860.89 99    000000.00 074659.0
00500N    0000106 E    53859.64 99    000000.00 074717.0
00500N    0000108 E    53862.59 99    000000.00 074732.0
00500N    0000110 E    53865.71 99    000000.00 074747.0
00500N    0000112 E    53867.63 99    000000.00 074805.0
```

图 10　日变校正前格式

日变校正后的文件格式如图 11 所示。

```
/Gem Systems GSM-19T 9103420 v7.0 23 IV 2009 M t-e2.v7
/ID 3 file 01survey.m    07 XII13
/
/X Y nT sq cor-nT time
 00000N    00025.06 i020  0000010 N  53954.09 99  000000.00 072008.0
 00000N    00025.03 i020  0000010 N  53954.04 99  000000.00 072017.0
 00000N    00024.95 i020  0000010 N  53953.94 99  000000.00 072026.0
 00500N   -00066.00 i020  0000100 E  53857.06 99  000000.00 074620.0
 00500N   -00064.70 i020  0000102 E  53858.26 99  000000.00 074641.0
 00500N   -00062.03 i020  0000104 E  53860.89 99  000000.00 074659.0
 00500N   -00063.25 i020  0000106 E  53859.64 99  000000.00 074717.0
 00500N   -00060.23 i020  0000108 E  53862.59 99  000000.00 074732.0
 00500N   -00057.02 i020  0000110 E  53865.71 99  000000.00 074747.0
 00500N   -00055.03 i020  0000112 E  53867.63 99  000000.00 074805.0
 00500N   -00050.99 i020  0000114 E  53871.62 99  000000.00 074826.0
 00500N   -00042.88 i020  0000116 E  53879.64 99  000000.00 074841.0
 00500N   -00036.03 i020  0000118 E  53886.32 99  000000.00 074908.0
 00500N   -00026.15 i020  0000120 E  53896.13 99  000000.00 074923.0
 00500N   -00014.33 i020  0000122 E  53907.96 99  000000.00 074947.0
 00500N    00003.91 i---  0000124 E  53926.11 99  000000.00 075002.0
 00500N    00029.24 i020  0000126 E  53951.42 99  000000.00 075017.0
```

图 11 日变校正后格式

日变校正后,数据增加两列,即第二列和第三列。校正后的数据文件,第一列是线号,第二列是 $\Delta T$,第三列中 i020 表示 $\Delta T$ 为插值产生,i—表示 $\Delta T$ 为非插值产生。整理数据文件时,保留第一列线号,第二列 $\Delta T$,第四列点号,其余数据列都可以在导入 Excel 中后删除。删除数据头尾的早晚校正点的数据和用于质量检查重复测量的数据,就可以用 Surfer 进行绘图了。

一个好的建议是:将经过日变校正后的数据文件备份一个,以留档上交;同时,各台仪器每天早晚校正点的数据和用于质量检查重复测量的数据需要单独整理保留,作为磁测质量评价的基本资料。

# 高斯制(CGSM)与国际单位制(SI)单位及互换

**表 1　高斯制(CGSM)与国际单位制(SI)单位及互换**

| 名称及符号 | CGSM | | SI | | 关系 |
|---|---|---|---|---|---|
| | 单位 | 量纲 | 单位 | 量纲 | |
| 磁感应强度 $B$ | 高斯 = 麦克斯韦/cm² | $L^{-1/2}M^{1/2}T^{-1}$ | 特斯拉 = 韦伯/m² | $MT^{-2}I^{-1}$ | 1 韦伯/m² = $10^4$ 高斯 |
| 磁矩 $m$ | CGSM($m$) | $L^{5/2}M^{1/2}T^{-1}$ | 安培·m² | $L^2 I$ | 1 安培·m² = $10^{-3}$ CGSM($m$) |
| 磁化强度 $M$ | CGSM($M$) | $L^{-1/2}M^{1/2}T^{-1}$ | 安培/m | $L^{-1}I$ | 1 安培/m = $10^{-3}$ CGSM($M$) |
| 磁化率 $\kappa$ | CGSM($\kappa$) | 无量纲 | SI($\kappa$) | 无量纲 | 1SI($\kappa$) = $1/4\pi$ CGSM($\kappa$) |
| 磁场强度 $H$ | 奥斯特 | $L^{-1/2}M^{1/2}T^{-1}$ | 安培/m | $L^{-1}I$ | 1 安培/m = $4\pi 10^{-3}$ 奥斯特 |
| 导磁系数 $\mu$ | CGSM($\mu$)（真空的导磁系数）$\mu_0=1$ | 无量纲 | 亨利/m（真空的导磁系数 $\mu_0 = 4\pi \sim 10^{-7}$ 亨利/m） | $LMT^{-2}I^{-1}$ | 1 亨利/m = $(1/4\pi)\times 10^7$ CGSM($\mu$) |

＊CGSM($\mu$)制中 $\mu_{真空}=1$；SI 制中，$\mu_0=4\pi\times10^{-7}$ H/m，$\mu_0$ 为 SI 真空中的磁导率，在磁法勘探中，磁异常使用较小的磁感应强度单位，过去习惯使用的 CGSM 制的单位为伽马($\gamma$)，$1\gamma=10^{-5}$ GS；国际单位制规定为纳特(nT)，$1\mathrm{nT}=10^{-9}$ T，T 表示"特"是特斯拉的简称：$1\gamma=1\mathrm{nT}$。

例如：原高斯制中，$M=1000\times10^{-6}$ CGSM($M$) 换算为 SI 制为 $1000\times10^{-3}$ A/m；$\kappa=1000\times10^{-6}$ CGSM($\kappa$)，换算为 SI 制为 $1000\times4\pi\times10^{-6}$ SI。

$1\mathrm{SI}(\kappa)=1/4\pi\mathrm{CGSM}(\kappa)$ 或 $1\mathrm{CGSM}(\kappa)=4\pi\mathrm{SI}(\kappa)$，即：$\kappa$ 单位 SI 制比 CGSM 制小约 12.6 倍。

$1\mathrm{A/m}=10^{-3}\mathrm{CGSM}(M)$ 或 $1\mathrm{CGSM}(M)=10^3\mathrm{A/m}$，即：$M$ 单位 SI 制是 CGSM 制的 $\frac{1}{1000}$ 倍。

$1\mathrm{nT}=1$ 伽马，$1\mathrm{T}=10^4$ GS，$1\mathrm{Gs}=1\mathrm{Oe}$。

# 主要参考文献

刘天佑. 地球物理勘探概论[M]. 北京：地质出版社，2007.

刘天佑等. 应用地球物理数据采集与处理[M]. 武汉：中国地质大学出版社，2005.

秦葆瑚，李仁豪，齐文秀，等. DZ/T 0071－93 地面高精度磁测技术规程[S]. 中华人民共和国地质矿产行业标准.

王传雷等. 地球物理学北戴河教学实习指导书[M]. 武汉：中国地质大学出版社，2012.